Ing. (grad.) Ernst Pohl

Relaispraxis

Praktische Hinweise für Arbeiten mit Relais

Mit 65 Abbildungen im Text

Lehrmeister-Bücherei Nr. 700
Albrecht Philler Verlag · 495 Minden

Zum Umschlagbild

Kleinstrelais auf einer Steckkarte für das
19"-Einschubsystem. In dieser Form erfüllen die
Relais in der industriellen Steuerungstechnik
und Elektronik vielfältige Schaltaufgaben.
(Farbfoto: Rausch & Pausch)

Alle Rechte vorbehalten

Satz: E. Sommer, Ahlen
Druck: Albrecht Philler Verlag, Minden
Bindearbeiten: Wilhelm Altvater, Todtenhausen
ISBN 3 7907 0700 7
67225

Inhaltsverzeichnis

Vorwort 6
1. Das Relais — ein schneller Schalter 7
2. Bauformen elektromagnetischer Relais 9
    2.1 Allgemeines 9
        2.1.1 Die Relaiswicklung 9
        2.1.2 Der Anker 10
            2.1.2.1 Klappanker 10
            2.1.2.2 Flachanker 11
            2.1.2.3 Drehanker 11
            2.1.2.4 Tauchanker 12
            2.1.2.5 Schwinganker 12
        2.1.3 Kontakte 12
    2.2 Beispiele für Bauformen 13
        2.2.1 Gleichstromrelais 13
            2.2.1.1 Rundrelais 13
            2.2.1.2 Flachrelais 15
            2.2.1.3 Kammrelais 17
            2.2.1.4 Reedrelais 18
            2.2.1.5 Kleinstrelais 21
            2.2.1.6 Polarisierte Relais 23
            2.2.1.7 Quecksilberrelais 25
        2.2.2 Wechselstromrelais 27
        2.2.3 Sonderbauformen 28
            2.2.3.1 Stromstoßrelais 28
            2.2.3.2 Wischrelais 30
            2.2.3.3 Frequenzrelais 31
            2.2.3.4 Zählrelais 33
3. Begriffe und Schaltzeichen 34
    3.1 Anzugskraft 34

- 3.2 Erregung 35
  - 3.2.1 Anzugsstrom (Anzugserregung) 35
  - 3.2.2 Haltestrom (Halteerregung) 36
  - 3.2.3 Betriebsstrom (Betriebserregung) . . . 36
  - 3.2.4 Abfallstrom (Abfallerregung) 36
  - 3.2.5 Halteverhältnis (Rückfallverhältnis) . . 36
  - 3.2.6 Fehlstrom 38
- 3.3 Nennwerte 38
- 3.4 Relaiszeiten 38
  - 3.4.1 Anlaufzeit 38
  - 3.4.2 Hubzeit 39
  - 3.4.3 Prellzeit 39
  - 3.4.4 Umschlagzeit 39
  - 3.4.5 Anzugszeit 40
  - 3.4.6 Kontaktzeit 40
  - 3.4.7 Abfallzeit 40
  - 3.4.8 Schalthäufigkeit 40
- 3.5 Schaltzeichen 40
  - 3.5.1 Relais 40
  - 3.5.2 Kontakte 41
  - 3.5.3 Kennzeichnung in Schaltplänen . . . 41

4. Die Relaiswicklung 42
   - 4.1 Die Ermittlung der AW-Zahl 43
   - 4.2 Spannungs- und Strombedarf des Relais . . 44
   - 4.3 Thermische Belastbarkeit 45
   - 4.4 Ermittlung des Drahtdurchmessers 46
   - 4.5 Die Induktivität der Relaiswicklung . . . 48

5. Kontakte, Funkenlöschung 50
   - 5.1 Kontakte 50
     - 5.1.1 Kontaktarten 51
       - 5.1.1.1 Offene Kontakte 51
       - 5.1.1.2 Reedkontakte 52
       - 5.1.1.3 Quecksilberkontakte . . . 53

5.1.2	Kontaktwerkstoffe	54
5.1.3	Prellung u. Dämpfung von Relaiskontakten	55
5.1.4	Vermeiden von Kontaktstörungen	55
5.2	Funkenlöschung	57
5.2.1	Funkenlöschung mit RC-Kombination	57
5.2.2	Funkenlöschung mit Parallelwiderstand	60
5.2.3	Funkenlöschung mit Diode	63
5.2.4	Beseitigung von Funkstörungen	64

6. Verändern der Schaltzeiten von Relais 65
 6.1 Die Zeitkonstante 65
 6.2 Verkürzen der Schaltzeiten 66
  6.2.1 Verkürzen der Anzugszeit 66
  6.2.2 Verkürzen der Abfallzeit 68
 6.3 Verzögerungsschaltungen 69
  6.3.1 Verlängern der Anzugszeit 70
  6.3.2 Verlängern der Abfallzeit 76

7. Das elektronische Relais 82
 7.1 Etwas zum Transistor 82
 7.2 Elektronische Verzögerungsrelais 86
  7.2.1 Anzugsverzögerung 86
  7.2.2 Abfallverzögerung 90
 7.3 Weitere Anwendungen 91

8. Anhang 94
 Die wichtigsten Schaltzeichen für Relais 94
 Schaltzeichen und Bezeichnung von Relaiskontakten 95
 Schrifttum 96

Vorwort

Der technische Fortschritt ist gerade auf dem Gebiet der Elektronik von einer atemberaubenden Rasanz. Ständig werden neue und bessere Bauelemente entwickelt, die heute Gutes rasch veralten lassen. Trotzdem wird man sich davor hüten, stets nur das zur Zeit Modernste zu verwenden, wenn es seine Aufgabe nicht besser erfüllt als ein bekanntes und bewährtes Bauteil. Ein solches Bauteil, das in seinen technischen Eigenschaften für bestimmte Anwendungen bisher unübertroffen ist, ist das Relais in seinen verschiedenen Bauformen. Man wird also noch lange Zeit mit ihm zu arbeiten haben. Damit es aber seine Aufgaben in einer bestimmten Schaltung einwandfrei erfüllt, muß der Verwender über die jeweils günstigste Bauform, die richtige Kontaktart, über Fremdeinflüsse, das Vermeiden von Störungen und vieles andere Bescheid wissen. Dieses Wissen zu vermitteln, ist die Aufgabe des vorliegenden Büchleins, das dem Praktiker bei aller Kürze ein guter Helfer sein wird.

Ernst Pohl

Würzburg, 1972

1. Das Relais — ein schneller Schalter

In der gesamten elektrischen Steuerungstechnik ist heute das Relais eines der vielseitigsten und wirtschaftlichsten Bauelemente. Glaubte so mancher, mit der Entwicklung der Schalttransistoren würde das ehrwürdige Relais das Schicksal der Elektronenröhre teilen, so erwies die Praxis bald das Gegenteil. Seine wichtigsten Eigenschaften: bei geschlossenen Kontakten ein Übergangswiderstand von wenigen mΩ und bei geöffneten Kontakten ein Isolationswiderstand von einigen 1000 MΩ sind mit dem Transistor so bald nicht zu erreichen. Hinzu kommt, daß das Relais mit seiner hohen möglichen Kontaktzahl mehrere galvanisch getrennte Stromkreise gleichzeitig schalten kann, als Bauelement sehr einfach zu handhaben ist und praktisch keine Wärmeprobleme kennt. Und da, wo man die Vorteile des Transistors — insbesondere seine hohe Ansprechempfindlichkeit — nicht missen kann, bietet sich im Hybridrelais, einer Kombination von Transistor und Relais, ein Bauteil, das beider Eigenschaften weitgehend vereinigt.

Das erste Relais entstand bereits um 1830 und diente seinerzeit vor allem dazu, in langen Telegrafenleitungen geschwächte Signale wieder auf einen höheren Pegel zu bringen. Aus dieser Funktion ist auch der Name Relais hergeleitet, mit dem in der Postkutschenzeit die Stationen bezeichnet wurden, wo die müden Gäule gegen frische ausgewechselt wurden. Der Unterschied zwischen der niedrigen Ansprechleistung des Relais und der hohen, von den Kontakten geschalteten Ausgangsleistung kann als Verstärkungsfaktor des Relais bezeichnet werden; dieses „Schaltverhältnis" beträgt heute bis zu 10^5.

Betrachtet man das Relais als Vierpol (den berühmten schwarzen Kasten), so hat es zwei Eingangsklemmen, an die der Eingangs- (Steuer-) Stromkreis angeschlossen wird und mindestens zwei Ausgangsklemmen, an die der zu steuernde Ausgangs-Stromkreis angeschlossen wird. Eingang und Ausgang sind galvanisch voneinander getrennt. Die Ausgangsklemmen sind an die Relaiskontakte angeschlossen; die Eingangsklemmen an die Wicklung eines Elektromagneten, der die Relaiskontakte betätigt, sobald im Eingangskreis ein Strom fließt, der den Elektromagneten erregt (Bild 1).

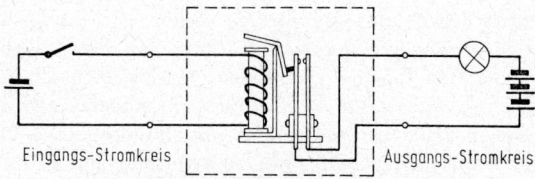

Bild 1: Prinzipielle Funktion eines Relais

Industrielle Entwicklungsarbeit schuf eine große Auswahl von verschiedenen Typen, um jeder Schaltaufgabe gewachsen zu sein. Denn eine bestimmte Relaistype soll zwar die gestellten Forderungen voll erfüllen, sie braucht aber keine Eigenschaften aufzuweisen, die nicht ausgenutzt werden können. Im übrigen sind die Anforderungen in bezug auf äußeren Aufbau, Anzugsempfindlichkeit, Schaltleistung und Schalthäufigkeit so verschieden, daß sich damit von selbst die Forderung nach verschiedenen Bauformen ergibt. Die großen Stückzahlen, die in der gesamten Schalt-, Steuer- und Regeltechnik benötigt werden, haben es mit sich gebracht, daß es sich bei fast allen heute auf dem Markt befindlichen Relaistypen um ausgereifte Konstruktionen handelt. Im allgemeinen sind die Anforderungen, die an ein Relais gestellt werden, relativ hoch, wenn man bedenkt, daß sie oft jahrelang ohne besondere Wartung betrieben werden sollen. Da von der einwandfreien Arbeitsweise eines Relais oft die Funktion einer ganzen Anlage abhängt, wird bei der Dimensionierung mit entsprechenden Sicherheitszuschlägen gearbeitet. Neben den elektromagnetischen Relais wurden gelegentlich noch solche nach anderen Prinzipien verwendet. Die thermoelektrischen

Relais (siehe Seite 75) dienen z. B. zum Erreichen größerer Verzögerungszeiten oder als Thermoschalter zum Schutz elektrischer Geräte. Höchste Empfindlichkeit erreicht man z. B. mit dem Galvanometerrelais, das an einem Drehspulmeßwerk statt eines Zeigers Kontaktfedern trägt. Aber solche Sonderformen elektrischer Relais werden mehr und mehr durch elektronische Schaltungen mit Halbleiterbauelementen ersetzt.

2. Bauformen elektromagnetischer Relais

2.1 Allgemeines

Jedes elektromagnetische Relais benutzt den elektrischen Strom, um Eisen zu magnetisieren und durch einen Bewegungsvorgang eine Kontaktgabe zu bewirken. Bei aller Verschiedenheit des Aufbaus erkennt man in allen Fällen als wesentliche Teile eine stromführende Spule und einen Eisenkern, der meist mit einem Anker versehen ist. Da die Kraft zwischen der Spule und dem magnetischen Eisen entsteht, so ist entweder das Eisen oder die Spule beweglich angeordnet. Fast in allen heutigen Konstruktionen wird entweder unmittelbar der magnetische Eisenkern oder aber der dazugehörige Anker bewegt.

2.1.1 Die Relaiswicklung

Die Wicklung auf dem Magnetkern des Relais hat die Aufgabe, den Kern so weit aufzumagnetisieren, daß dieser den Anker anzieht. Ihre Ausführung ist maßgeblich für den Einsatz eines Relais zu einem bestimmten Zweck. Je nach den konstruktiven Gegebenheiten des magnetischen Kreises und der Belastung des Ankers durch die Kontaktkraft ist die benötigte Magnetkraft verschieden. Sie wird durch die Zahl der Amperewindungen (AW), also durch das Produkt aus Erregerstrom und Windungszahl aufgebracht. Dieses ist für eine bestimmte Relaiskonstruktion konstant. Es ist dabei gleichgültig, ob man eine hohe Windungszahl und niedrigen Strom oder eine niedrige Windungszahl bei hohem Strom wählt. Auf diese Weise kann man ein bestimmtes Relais durch die Wahl der Wicklung für verschiedene Betriebsspannungen auslegen. Die Wicklung ist ein so wichtiger Bestandteil des Relais, daß wir auf den Seiten 42—50 nochmals ausführlich darauf zurückkommen wollen.

2.1.2 Der Anker

Eines der Unterscheidungsmerkmale der Relais ist die Ausführung des Ankers. Dies ist der Teil des Relais, der die magnetische Kraft in eine Bewegung zum Betätigen der Kontaktfedern umsetzt.

2.1.2.1 Klappanker

Das Klappankerrelais ist neben dem Flachankerrelais die am häufigsten verwendete Form. Wie Bild 2 zeigt, ist der Magnetkern für den magnetischen Rückschluß mit einem Joch zur U-Form ergänzt. Das Joch trägt die Kontaktsätze und den

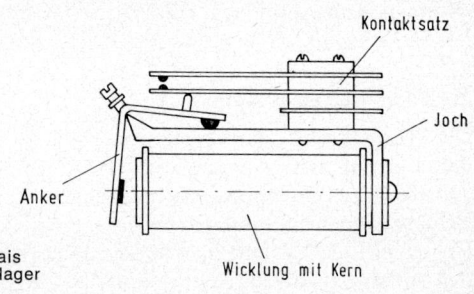

Bild 2:
Klappankerrelais
mit Schneidenlager

Klappanker, der von den Kontaktfedern so gehalten wird, daß zwischen Anker und Kern ein Luftspalt entsteht. Der Klappanker kann sich dabei um eine Lagerstelle drehen, die von der Spitze des Joches gebildet wird. Je nachdem, ob diese Lagerung die Form einer Schneide (Bild 2) oder einer Achse hat, spricht man von Schneidanker- oder Achsankerrelais.

2.1.2.2 Flachanker

Beim Flachankerrelais (Bild 3) ist der Anker mit dem Joch zu einem Teil vereinigt, das um eine Führung an einem Ende des Magnetkerns beweglich ist. Neben der Raumersparnis gegenüber dem Klappanker bietet diese Konstruktion noch insofern

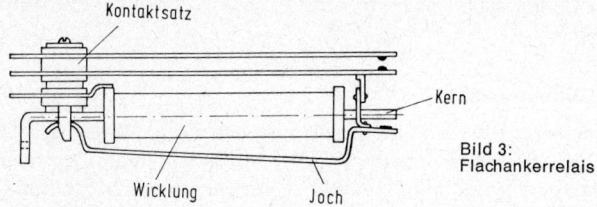

Bild 3: Flachankerrelais

magnetische Vorteile, als das Streufeld der Relaisspule die Wirkung des Anzugsstromes unterstützt und der Anker ohne magnetische Gegenkraft anziehen kann, die beim Klappanker dadurch entsteht, daß sich der zum Joch parallel liegende Teil des Ankers beim Anziehen entgegen der Zugkraft bewegen muß.

2.1.2.3 Drehanker

Bei dieser Form des Ankers ist der Magnetkern als U-förmiges Teil ausgebildet, zwischen dessen Polen der Anker drehbar gelagert ist (Bild 4).

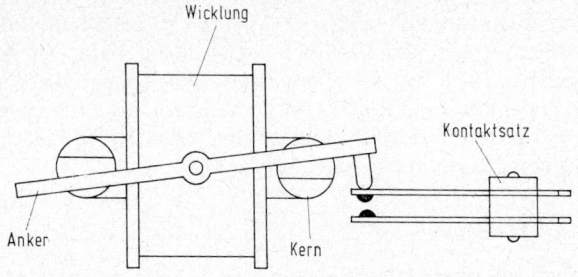

Bild 4: Drehankerrelais (Draufsicht)

2.1.2.4 Tauchanker

Beim Tauchankerrelais wird der Magnetkern, der direkt die Kontakte betätigt, bei Erregung in die Relaisspule hineingezogen.

2.1.2.5 Schwinganker

Hier ist der Anker vor oder zwischen den Polen des Magnetkerns an einer Feder schwingend befestigt. Schwingankerrelais werden vorwiegend als Zerhacker (Chopper) in der Meßtechnik benutzt.

2.1.3 Kontakte

Die Kontakte sind die empfindlichsten Teile eines Relais. Sie bestehen meist aus einer Kontaktfeder, auf die das den Kontakt herstellende Kontaktstück aufgenietet ist. Je nach den Ansprüchen und den Umgebungsbedingungen sind die Kontaktstücke aus unterschiedlichem Material. Man unterscheidet grundsätzlich „offene Kontakte", die dem Einfluß der Umgebungsluft ausgesetzt sind, und „geschlossene Kontakte", die in luftleere Glasröhrchen eingeschmolzen sind und zum Teil unter einer Schutzgasatmosphäre arbeiten. Geschlossene Kontakte sind auch die Quecksilber-Schaltröhren, in denen die eingeschmolzenen Kontakte durch flüssiges Quecksilber überbrückt werden. Federnde, direkt schaltende Kontakte in geschlossenen Glasröhrchen werden als „Herkon"- oder „Reed"-Relais bezeichnet. Die Kontaktstücke schließen sich dabei trocken oder mit einem durch eine raffinierte Konstruktion ständig sich erneuernden feinen Quecksilberüberzug (mercury wetted reed contacts). Der gesamte Komplex der Kontakte ist so wesentlich für den Benutzer von Relais, daß wir ihm auf den Seiten 50—57 ein eigenes Kapitel widmen.

2.2 Beispiele für Bauformen

2.2.1 Gleichstromrelais

Gleichstromrelais bieten gegenüber speziellen Wechselstromrelais einen erheblich einfacheren Aufbau, was im Abschnitt 2.2.2 über Wechselstromrelais noch näher erläutert wird. Da sie wirtschaftlicher sind und auch in üblichen Steueranlagen und elektronischen Geräten Gleichstrom sowieso vorhanden ist, werden sie am häufigsten verwendet. Überdies kann man Gleichstromrelais über Gleichrichter und Glättungseinrichtungen auch in Wechselstromnetzen einsetzen (siehe auch hierzu Abschnitt 2.2.2).

2.2.1.1 Rundrelais

Das Rundrelais ist der klassische Typ des Relais allgemein. Es wird wegen der runden Form seiner Wicklung so genannt und ist auch heute noch eines der meistverwendeten Relais. Im allgemeinen wird es als Klappankerrelais gebaut. Da es ein neutrales, also ungepoltes Relais ist, zieht es bei Anlegen einer Erregerspannung immer an, gleich welche Polarität die Erregerspannung hat.

Mit seinen 63 mm Höhe, 52 mm Länge und 24 mm Breite ist das in Bild 5 dargestellte Rundrelais als Rundrelais mittlerer Größe anzusprechen. Es trägt 3 Wechsler, die mit Schalt-

Bild 5:
Berührungssicher gekapseltes Rundrelais mittlerer Größe
(Bild Hartmann & Braun)

kammern voneinander getrennt sind. Typische Schaltzeiten eines solchen Relais sind für die Anzugszeit 10 — 30 ms und für die Abfallzeit 6 — 12 ms. Die Anzugserregung liegt zwischen 190 und 270 AW. Die mechanische Lebensdauer wird mit $20 \cdot 10^6$ Schaltspielen angegeben. Die Schaltkammern zwischen den Federsätzen sind vorgesehen, um die für die hohe Kontaktnennspannung von 440 V— und 380 V~ notwendige Sicherheit zu gewährleisten.

Bild 6:
Kleinschaltrelais, einmal bestückt mit Starkstromkontakten (unten) und zum anderen mit Zwillingskontakten (oben) für Schwachstrom
(Bild: KACO)

Ein ausgesprochenes Kleinrelais mit Starkstromkontakten bis zu 10 A zeigt Bild 6. Es beansprucht lediglich einen Raum von 24 mm (Höhe) x 28,7 mm (Länge) x 12,5 mm (Breite). Im gleichen Bild ist oben dieser Relaistyp mit Zwillingskontakten für niedrige Spannungen und Ströme dargestellt, die hier für eine erhöhte Kontaktsicherheit sorgen. Die Anschlüsse sind als Lötanschlüsse ausgeführt und zur Verwendung auf gedruckten Leiterplatten im genormten Rastermaß von 2,5 mm gehalten.

Ebenfalls als Rundrelais ausgeführt ist das in Bild 7 dargestellte Gleichstrom-Kleinstrelais. Die liegende Bauweise ermöglicht den Einsatz auf Leiterplatten, ohne daß das Relais mit seiner Höhe von etwa 12,5 mm die übliche Höhe der anderen Bauelemente auf der Leiterplatte wesentlich überragt. Trotzdem ist eine Kontaktbestückung bis zu maximal vier Wechslern möglich.

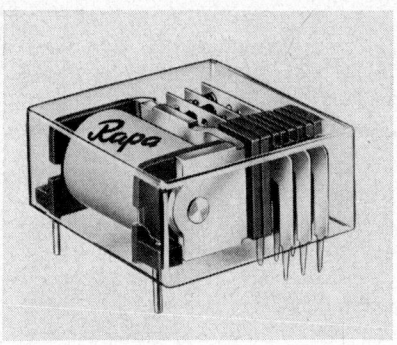

Bild 7:
Liegende Ausführung eines Rundrelais für Leiterplatten
(Bild Rausch & Pausch)

2.2.1.2 Flachrelais

In neuerer Zeit setzt sich das Flachrelais stärker durch, weil es eine raumsparende Bauweise, vor allem in der Höhe, ermöglicht. Sein grundsätzlicher Aufbau ist in Bild 3 bereits

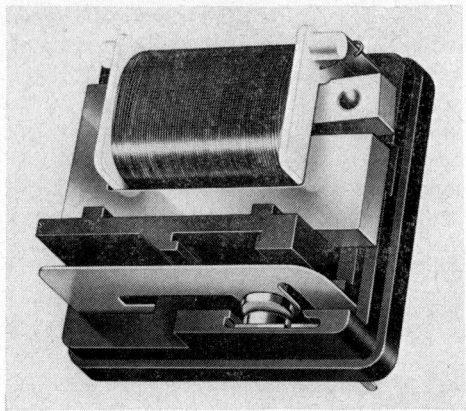

Bild 8:
Kleines Flachrelais
zur Verwendung auf
Leiterplatten
(Bild: KACO)

dargestellt, wobei natürlich eine Vielzahl von Modifikationen besteht. Bild 8 läßt trotz gewisser Abwandlungen das Prinzip deutlich erkennen. Damit ist eine minimale Bauhöhe von 12,6 mm (mit Abdeckung) erreicht worden, wie sie für Steckkarten in Leiterplattentechnik erforderlich ist. Solche Steckkarten werden üblicherweise im Abstand von 15 mm nebeneinander in Gestelleinschüben verwendet. Bestückt ist dieses Relais mit einem Wechsler für 10 A bei 220 V~.

Mit vier Wechslern für 2 A bei 220 V~ ist das Flachrelais nach Bild 9 ausgerüstet. Man erkennt, wie es mit seiner Bauhöhe von 10 mm die Höhe der anderen Bauelemente einhält. Auch die sonstigen Abmessungen von 30 mm x 22 mm ergeben einen sehr platzsparenden Einbau. Als Lebensdauer werden für dieses Relais 10^7 Schaltungen mit Nennlast angegeben. Die Kontakte sind am Kopf des Relais in getrennten Kammern angeordnet. Sie werden über einen seitlich außerhalb der Spule angeordneten Flachanker und Mitnehmer betätigt (Bild 10). Ein speziell geformter Flußbügel sorgt dafür, daß der Flachanker im magnetischen Kreis liegt.

Bild 9: Miniatur-Flachrelais mit 4 Wechslern für 2 A, 220 V ~
(Bild: Deutsche Fernsprecher Gesellschaft)

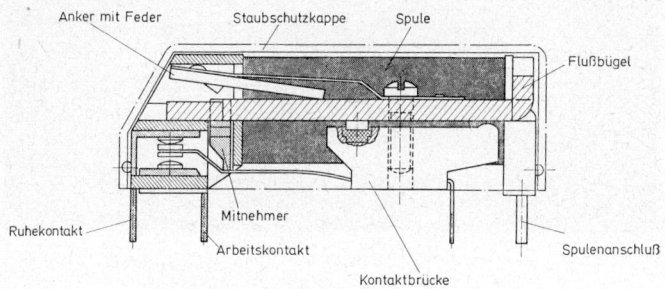

Bild 10: Aufbau des Flachrelais von Bild 9

2.2.1.3 Kammrelais

Soll eine größere Zahl von Kontakten an einem Relais betätigt werden, so bedient man sich als vorteilhaftem Schaltprinzip des Kammrelais. Dies ist an sich ein Klappankerrelais, das zum

Betätigen der einzelnen Kontakte nicht, wie üblich, auf einer Isolierbrücke eine entsprechende Zahl Pimpel trägt, sondern ein kammartiges Gebilde. Dieses Gebilde ist meist aus Kunststoff in einem Stück gepreßt und stellt ein sehr stabiles Teil dar, mit dem alle Kontakte stets gleichzeitig betätigt werden können.

2.2.1.4 Reedrelais

Reedrelais (Schutzrohrkontakt-Relais) arbeiten mit Kontakten, die in einem meist mit Schutzgas gefüllten Glasröhrchen eingeschmolzen sind (Bild 11). Die Kontaktstellen sind meist auf

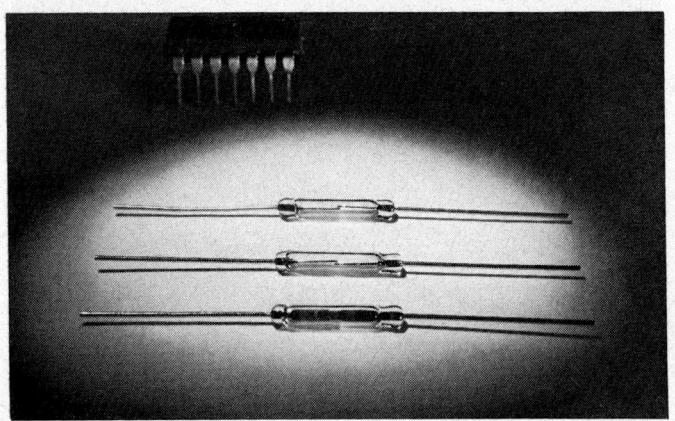

Bild 11: Reedkontakte in Miniaturausführung (Bild: Thomson-CSF)

die Kontaktfedern flächig aufgetragene Edelmetalle. Damit die Kontakte von außen magnetisch betätigt werden können, bestehen die Kontaktfedern aus magnetischem Material. Die erregende Wicklung ist auf einen Hohlkörper aufgetragen, in den das Glasrohr mit den Kontakten eingeschoben wird. Gewöhnlich werden Reedkontakte des einfachen Aufbaues wegen als Schließer ausgeführt, wobei ein Glasrohr auch mehrere Kontakte enthalten kann. Um die Funktionen „Öffner" und „Wechsler" zu erzielen, benutzt man für eine der Kontaktfedern eines Satzes permanentmagnetisches Material. Zum Betätigen muß die Wicklung dann ein gegensinnig wirkendes Magnetfeld erzeugen. Dadurch wird beim Erregen die Wirkung des Permanentmagneten aufgehoben und der Kontakt trennt oder schlägt beim Wechsler auf das andere Kontaktstück um. Die gleiche Wirkung erzielt man bei einem als Schließer ausgebildeten Reedkontakt durch Anbringen eines kleinen Permanentmagneten außen am Glasrohr, dessen Wirkung durch die gegensinnig erregte Wicklung aufgehoben wird.

Reedkontakte benötigen zum Ansprechen nur wenig Erregerleistung (20 — 100 AW) und können zusammen mit der Wicklung sehr klein aufgebaut werden, so daß sie sich vorzüglich zum Einbau in gedruckte Schaltungen eignen. Bild 12 zeigt komplette Reedrelais, die in einem für integrierte Schaltungen üblichen Dual-in-line-Gehäuse untergebracht wurden.

Bild 12:
Reedrelais im Dual-in-line-Gehäuse (Bild Siemens)

Es sind Relais mit 1 Schließer für eine maximale Schaltleistung von 10 W (Maximalwerte 0,5 A oder 100 V). Die Erregerspannung liegt je nach Typ zwischen 5 und 24 V—. Es gibt

Ausführungen mit elektrostatischer Abschirmung zwischen Wicklung und Kontakt sowie mit Dämpfungsdiode zur Abfallverzögerung.

Der in Bild 11 dargestellte Miniatur-Reedkontakt hat ebenfalls eine Schaltleistung von maximal 10 W (0,4 A oder 100 V), ist 14,9 mm lang und hat 2,35 mm im Glasrohrdurchmesser. Durch die geringen Abmessungen ist auch die benötigte Ansprecherregung mit etwa 20 — 40 AW (je nach Typ) sehr niedrig. Diese geringe Erregerleistung macht den Kontakt auch gegen magnetische Fremdfelder empfindlich. Wo man deren Auftreten befürchten muß, schützt man das ganze Reedrelais mit einer magnetischen Abschirmung, wobei als Nebenprodukt auch die Wirkung der eigenen Erregerwicklung durch den mit der Abschirmung entstandenen Eisenrückschluß vergrößert wird. Bei dem Reedkontakt in Bild 11 gibt es drei Typen mit Durchschlagsspannungen zwischen den Kontakten von 210 bis 280 V_{ss}. Bei Nennbelastung wird die Kontaktlebensdauer mit $2 \cdot 10^7$ Schaltungen angegeben.

Die beiden Reedrelais in Bild 13 werden als Trennglied an Ein- und Ausgängen elektronischer Schaltungen verwendet

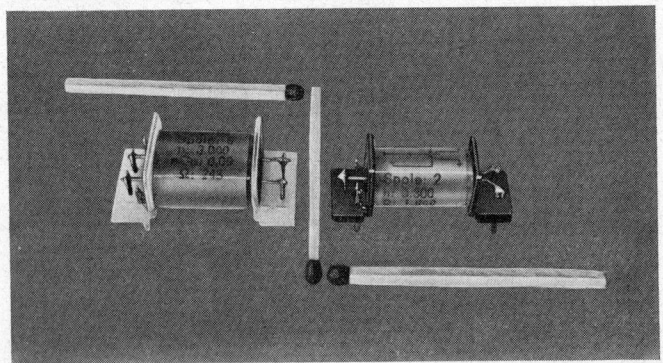

Bild 13: Links 2poliges, rechts 1poliges Reedrelais (Bild: Neye-Enatechnik)

oder als Schaltelement für geringe Belastung. Der eine Typ ist 1polig, der andere 2polig. Beide Typen sind in jeweils 3 Versionen lieferbar: Mit 1 bzw. 2 Schließern, mit 1 bzw. 2 Wechslern oder mit 1 bzw. 2 quecksilberbenetzten Schließern. Das 1polige Reedrelais wird für 6, 12, 24, 36 und 48 V Gleichspannung gebaut, das 2polige auch für 60 und 75 V.

2.2.1.5 Kleinstrelais

Seit der Transistor ein brauchbares Bauelement geworden ist, hat das Bestreben, immer kleinere elektronische Schaltungen zu bauen, enorme Erfolge zu verzeichnen gehabt. Man denke nur an die integrierten Schaltungen, die auf kleinstem Raum — meist sind es nur wenige Quadratmillimeter — hunderte von Transistorsystemen, Widerständen und Kondensatoren vereinigen. Hatte bis vor kurzem noch das TO 5-Gehäuse mit nur etwa 8 mm Durchmesser als Standardgehäuse für integrierte Schaltungen (IC) gedient, so benutzt man heute meist das billigere Plastikgehäuse „Dual-in-line". Dieses Gehäuse bietet mit seinen Anschlußbeinen im genormten Rastermaß auch ein sehr bequemes Bestücken von gedruckten Schaltungen.

Das Streben nach Miniaturisierung hat bei den Relais dazu geführt, daß in einem solchen Gehäuse ein komplettes Relais (siehe Bild 12) untergebracht werden konnte, doch war diese Art Kleinstrelais im Dual-in-line-Gehäuse wegen der flachen Bauform nur mit Reedkontakten zu verwirklichen. Obwohl das TO 5-Gehäuse eine kleinere Grundfläche aufweist, bietet es in seiner Ausdehnung in der Höhe doch mehr Raum für ein elektromechanisches Betätigungssystem, so daß ein amerikanischer Hersteller es fertigbrachte, darin ein solches Relais unterzubringen. Bild 14 zeigt den Innenaufbau dieses Relais in vergrößerter Darstellung und links unten ein solches Relais in Originalgröße. Das Relaissystem ist als spannungs- oder stromempfindliches System ausgeführt sowie in einer Type auch als polarisiertes Relais. Die Erregerwicklung ist für Spannungen

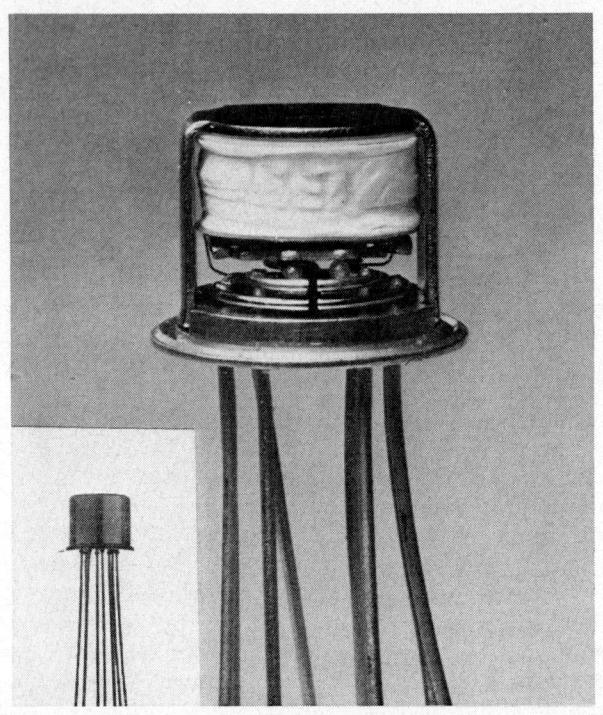

Bild 14: Bis zu 2 Wechsler kann dieses Kleinstrelais im TO 5-Gehäuse betätigen — links unten Darstellung in Originalgröße (Bild: Hi-G/Neye-Enatechnik)

zwischen 6 und 26 bzw. 48 V auslegbar. Als Kontaktbestückung lassen sich bis zu zwei Wechsler unterbringen, wobei die Prüfspannung zwischen den getrennten Kontakten 500 V beträgt. Die Kontakte schalten als Nennstrom je nach Typ 0,5 oder 1 A. Die Lebensdauer wird bei geringer Kontaktbelastung mit 10^6 Schaltspielen angegeben, bei Nennlast mit 10^5. Die Relais sind besonders vibrationsfest und vertragen Temperaturen zwischen -65 und $+125\,°$ C.

2.2.1.6 Polarisierte Relais

Wenn für ein Relais nur wenig Steuerleistung zur Verfügung steht, so wählt man am besten ein polarisiertes Relais. Im Gegensatz zum neutralen Relais ist hier ein Dauermagnetismus vorhanden. Auf einem Pol des Dauermagneten sitzen nach Bild 15 Weicheisen-Polschuhe, welche die Wicklung tragen. Im Zusammenwirken mit dem Feld des Dauermagneten beeinflußt das durch die Relaiswicklung erzeugte Magnetfeld den Relais-

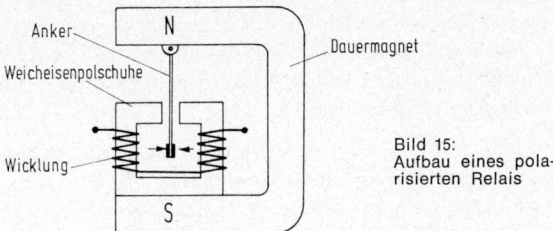

Bild 15:
Aufbau eines polarisierten Relais

anker so, daß dieser, je nach Richtung des Stroms, den einen oder anderen Relaiskontakt betätigt. Die Lage des Ankers ist hier durch die Richtung des Steuerstroms bedingt. Fließt durch die Wicklung kein Strom, so bleibt der Anker dort liegen, wohin er durch die zuletzt vorhandene Stromrichtung gelegt wurde. Der Anker schlägt nur bei Stromrichtungsänderungen um. Durch das kräftige Feld des Dauermagneten wird das Eisen bei polarisierten Relais soweit vormagnetisiert, daß geringe Änderungen der Induktion bereits zur Betätigung ausreichen. Dazu kommt, daß die Ankerbewegung meist recht gering ist, und in Verbindung mit der kleinen Masse der bewegten Teile ist es möglich, nicht nur hohe Empfindlichkeit, sondern auch eine kurze Ansprechzeit zu erreichen. Gepolte Relais sind daher den ungepolten Relais hinsichtlich Empfindlichkeit und Arbeitsgeschwindigkeit fast immer überlegen.

Wie schon erwähnt, kann der Anker nur dann betätigt werden, wenn der Magnet von einem Strom bestimmter Richtung erregt wird. Nur eine solche Stromrichtung betätigt das Relais, welche dem Feld des Dauermagneten gleichgerichtet ist. Das gepolte Relais ist also grundsätzlich stromrichtungsempfindlich. Der besondere Vorteil von gepolten Relais ist daher neben der großen Ansprechempfindlichkeit und der hohen Schaltgenauigkeit die Stromrichtungsempfindlichkeit durch das gepolte System.

Es gibt verschiedene Ausführungen von polarisierten Relais, der grundsätzliche Aufbau läßt jedoch immer einen Dauermagneten und Weicheisenpolschuhe mit Steuerwicklung erkennen. Durch zweckmäßige Abstimmung der Rückstellkraft und des Dauerflusses zueinander erhält man bei fast gleichen Bauteilen folgende Ausführungsarten:

1. Gepolte Relais mit zwei Ruheanlagen des Ankers, bei denen der Anker in unerregtem Zustand einen der beiden Kontakte geschlossen hält, bei Erregung, je nach Stromrichtung, entweder liegenbleibt oder umgelegt wird und im letzteren Fall nach Aufhören der Erregung liegenbleibt.

2. Gepolte Relais mit einer mittleren Ruhelage und zwei Arbeitslagen des Ankers, bei denen der Anker in unerregtem Zustand in der Mitte steht und bei Erregung je nach Stromrichtung einen der beiden Kontakte schließt und bei Aufhören der Erregung wieder in die Mitte zurückgeht.

3. Gepolte Relais mit einer einseitigen Ruhelage des Ankers, bei denen der Anker in unerregtem Zustand immer den gleichen Kontakt geschlossen hält. Je nach der Richtung des Erregerstroms bleibt der Anker entweder in seiner Ruhelage oder er wird umgelegt. Ist das letztere der Fall, so kehrt der Anker in seine Ruhelage zurück, sobald die Erregung einen bestimmten Betrag unterschreitet.

Bild 16 zeigt ein polarisiertes Relais in Standardausführung, das je nach den geforderten Arbeitsbedingungen in einer der drei genannten Ausführungsarten hergestellt wird. Polarisierte

Relais dieser Bauart haben je nach Typ Ansprechleistungen bis herunter zu 40 µW und Betriebsleistungen ab 160 µW.

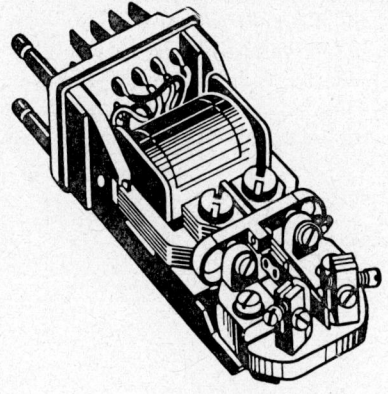

Bild 16:
Polarisiertes Relais in
Standardausführung

2.2.1.7 Quecksilberrelais

Wird beim Schalten sehr hoher Ströme eine besondere Kontaktsicherheit verlangt, so empfehlen sich Relais mit Quecksilber-Schaltröhren. Das in Glasröhren luftdicht abgeschlossene Quecksilber hat eine fast unbegrenzte Lebensdauer. Das Relais

Bild 17:
Klappankerrelais mit
Quecksilberschaltröhre
(Bild: Baumgartner)

selbst unterscheidet sich nur dadurch von üblichen Relais, daß der Anker statt eines Federsatzes die Quecksilber-Schaltröhre betätigt (Bild 17). Nachteilig ist, daß das flüssige Quecksilber bei Lageänderungen ungewollt Kontakt schließen kann.

Bis zu einem gewissen Grad vermeidet das Quecksilber-Tauchankerrelais (Bild 18) diesen Nachteil. Im Gegensatz zu allen Arten von Kipprelais sind bei dieser Konstruktion keine äußerlich bewegten Teile vorhanden. Als Schaltorgan dient ein

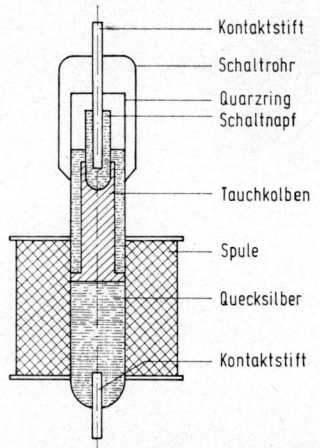

Bild 18:
Aufbau eines Quecksilberrelais in Tauchankerausführung

im Inneren eines Schaltrohrs befindlicher Tauchkolben aus Weicheisen. Der Tauchkolben wird bei Erregung der Spule nach unten gezogen, wodurch die Quecksilber-Schaltflüssigkeit eine Verbindung zwischen dem unteren und oberen Kontaktstift herstellt. Das Quecksilber stellt dabei den Kontakt her; es flutet im Einschaltaugenblick ineinander. Für höhere Stromstärken befindet sich im oberen Teil des Schaltrohrs noch ein Quarzring, der etwa auftretendes Schaltfeuer abfangen soll. Diese Relais werden mit Arbeits-, Ruhe- oder Umschaltkontakt hergestellt. Falls mehrere Stromkreise zugleich geschaltet werden sollen, kann eine Type gewählt werden, bei der die Wicklung mehrere Schaltröhren umfaßt.

2.2.2 Wechselstromrelais

Grundsätzlich kann jedes ungepolte Relais auch mit Wechselstrom betrieben werden. Allerdings fließt dabei gegenüber Gleichstrom wegen der Induktivität der Erregerwicklung durch diese ein niedrigerer Strom, so daß ein Gleichstromrelais an Wechselstrom oft nicht anzieht. Diesem Mangel kann man natürlich durch Erhöhen der Spannung begegnen, doch steht der direkten Verwendung eines Gleichstromrelais an Wechselstrom noch ein weiterer Effekt entgegen. Bekanntlich schwankt die Amplitude des Netzwechselstroms im Rhythmus der Netzfrequenz zwischen Null und ihrem Höchstwert, wobei der Strom jedesmal noch seine Richtung ändert. Zwar würde einem ungepolten Relais die Richtungsänderung des Stromes und damit des magnetischen Feldes nichts ausmachen, aber die Schwankung der Amplitude würde ein rasch ansprechendes Relais im Takt der Netzfrequenz ansprechen und abfallen lassen. Die einfachste Methode, ein Gleichstromrelais an Wech-

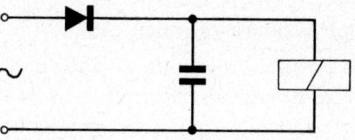

Bild 19:
Durch Vorschalten eines Gleichrichters kann ein Gleichstromrelais an Wechselstrom betrieben werden.

selstrom zu betreiben, ist, den Wechselstrom mit einer vorgeschalteten Diode nach Bild 19 gleichzurichten und diesen mit einem genügend großen Kondensator zu glätten. Dieser Kondensator hat allerdings nach Kapitel 6.3 eine erhebliche Verzögerung der Schaltzeiten des Relais zur Folge.

In vielen Fällen wird man also nicht umhin können, spezielle Wechselstromrelais zu verwenden. Bei diesen ist die Wicklung so bemessen, daß bei Nennspannung auch der Nennstrom fließen kann. Damit das Relais angezogen bleibt, sieht man aber auch hier eine Abfallverzögerung vor, die das Relais über die Dauer einer Halbperiode hinweg am Abfallen hindert. Die benötigte Verzögerungszeit beträgt bei Netzspeisung mit 50 Hz 10 ms. Man sieht zu diesem Zweck gewöhnlich bei Wechselstromrelais eine in sich kurzgeschlossene zusätzliche Wicklung vor oder einen Kurzschlußring am Pol des Magnetkerns. Dieser Kurzschlußring umfaßt nur die eine Hälfte des Pols, so daß praktisch zwei Pole entstehen, von denen der mit dem Kurzschlußring in seiner magnetischen Wirkung gegenüber dem anderen etwas verspätet ist. Man nennt wegen dieser Phasenverschiebung den Kurzschlußring auch Phasenring.

Kann man die im Magnetkern bei Wechselstrom entstehenden Wirbelstromverluste bei kleineren Relais und guter Wärmeabfuhr vernachlässigen, so macht man bei größeren Wechselstromrelais die Teile des magnetischen Kreises nicht mehr aus vollem Material. Man setzt sie genau wie bei Transformatoren und Wechselstrommotoren aus dünnen Eisenblechen zusammen. Alles dies führt dazu, daß Wechselstromrelais teurer sind als vergleichbare Gleichstromrelais.

2.2.3 Sonderbauformen

Für bestimmte Funktionen, die mit normalen Relais entweder gar nicht oder nur durch Verwenden mehrerer Relais in komplizierten Schaltungen zu verwirklichen sind, wurden verschiedene Sonderausführungen entwickelt. Die wichtigsten davon werden im folgenden vorgestellt.

2.2.3.1 Stromstoßrelais

Kennzeichen eines Stromstoßrelais ist, daß es zwei stabile Schaltzustände, ähnlich einem Flip-Flop in der Elektronik, aufweist. Durch kurzzeitiges Einschalten der Erregerwicklung (Momentschaltung) nimmt es jeweils die der vorhergehenden folgende Schaltstellung ein, in der es wieder bis zur nächsten Betätigung verbleibt. Erreicht wird diese Funktion über mechanische Kipp- und Sperrglieder in recht unterschiedlichen Konstruktionen. Die Erregerspule braucht dabei nicht dauernd unter Strom zu stehen, sie muß dann bezüglich ihrer Erwärmung nur für die kurze Dauer der jeweiligen Momentbetätigung (z. B. über einen Druckknopf oder Wischkontakt) ausgelegt sein. Die Hersteller sind bemüht, für solche Funktionen möglichst Bauteile normaler Relais zu verwenden, die preis-

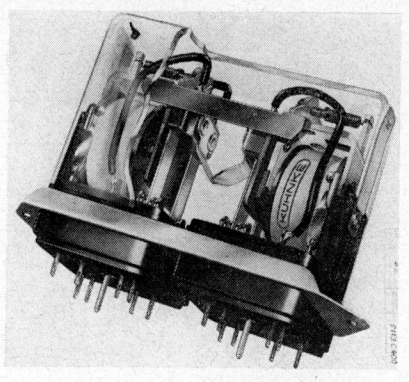

Bild 20:
Aus zwei Universalrelais mit einer mechanischen Verklinkung aufgebautes Sperr-Relais (Bild: Kuhnke)

wert in großen Stückzahlen fabriziert werden können. Bild 20 zeigt ein solches Relais, das unter Verwendung zweier Universalrelais mit einer mechanischen Sperrung aufgebaut ist. Die Kontakte des jeweils betätigten Relais werden von der Sperre des anderen Relais in der nach dem Betätigen eingenommenen Stellung so lange festgehalten, bis das andere Relais betätigt wird. Dann schlagen die Kontakte beider Relais jeweils in die andere Stellung um. Wegen der gegenseitigen Sperrung heißen solche Relais auch Sperr-Relais.

Eine Variante des Stromstoßrelais ist das Fortschaltrelais, bei dem elektrisch gesehen eine gleiche Betriebsweise, also die Erhaltung eines jeweils durchgeführten Schaltvorgangs und die Rückführung durch einen nachfolgenden Impuls, eintritt. Statt einer rein mechanischen Weiche, wie sie oft bei Stromstoßrelais vorgesehen ist, dient hier ein Schaltstern zur Umschaltung der Stromwege. Dabei betätigt der Relaisanker bei jedem Impuls einen drehbar gelagerten Hebel, der über eine Sperrklinke und ein Sperrad den Schaltstern schrittweise dreht. Auch hier ist nur ein kurzzeitiger Stromimpuls erforderlich, um die gewünschten Schaltvorgänge auszulösen.

2.2.3.2 Wischrelais

Wischrelais werden dann verwendet, wenn unabhängig von der Dauer des Erregerstroms nur ein kurzer Impuls gegeben werden soll. Je nach der Aufgabe werden drei verschiedene Ausführungen verwendet:

1. Relais wischt beim Einschalten. Bei Spulenerregung schließt der Kontakt kurzzeitig und trennt dann wieder. Bei Wegnahme der Erregung erfolgt keine Kontaktgabe.
2. Relais wischt beim Ausschalten. Bei Spulenerregung erfolgt keine Kontaktgabe. Bei Wegnahme der Erregung schließt der Kontakt kurzzeitig und trennt dann wieder.
3. Relais wischt beim Ein- und Ausschalten.

Einfache Wischrelais werden mit offenem Federkontakt hergestellt. Wird die Relaisspule erregt, so schnellt ein Saugkern nach oben und schließt kurzzeitig den Wischkontakt. Dieses Relais wischt dabei nur beim Einschalten des Erregerstroms. Der Saugkern bleibt nach der Kontaktgabe etwa in Spulenmitte und fällt bei Unterbrechung des Stroms wieder in die Ausgangsstellung.

Dieses elektromechanische Arbeitsprinzip läßt nur eine begrenzte Schalthäufigkeit in der Zeiteinheit zu. Werden Impulsfolgen mit kurzem zeitlichem Abstand benötigt, so verwendet man heute elektronische Relais, mit denen genau definierte Impulszeiten (Impulsfolge, Impulsbreite) erzielt werden können. Ein solcher Impulserzeuger ist ausführlich im Abschnitt 7.3 beschrieben.

2.2.3.3 Frequenzrelais

Für bestimmte Steuerungsaufgaben, bei denen mehrere Funktionen zu gleicher Zeit über eine Zweidrahtleitung oder einen Funkkanal ausgelöst werden sollen, wendet man das sogenannte Frequenz-Multiplexverfahren an. Hierzu benutzt man Relais, die nur auf eine bestimmte Frequenz ansprechen. Es sprechen dann jeweils nur die Relais an, deren Frequenz gerade gesendet wird. Die dazu benutzten Steuerfrequenzen liegen gewöhnlich im unteren Bereich der Tonfrequenzen, sie können aber auch bis in den Ultraschallbereich hineingehen.

Um in einem relativ schmalen Bereich möglichst viele Steuerfunktionen unterbringen zu können, benutzt man zur Selektion resonanzscharfe Schwingkreise, die einen Transistor ansteuern, in dessen Kollektorkreis das Schaltrelais liegt. Oft wird auch anstelle des Schaltrelais zur Weitergabe des Steuerbefehls der Transistor der Elektronikschaltung als Schalttransistor benutzt, so daß man es dann mit einem rein elektronischen Relais zu tun hat. Bild 21 stellt ein solches frequenz-

Bild 21: Frequenzselektives Relais, als kommerziell hergestellter Elektronik-Baustein (Bild: Jahre)

selektives Relais dar, das aus einer Relaisreihe stammt, die bei einer Bandbreite von 2 bis 5 % Typen für Frequenzen zwischen 300 Hz und 50 kHz enthält.

Einfacher ist das mechanische Resonanzrelais (Bild 22) aufgebaut, bei dem der Relaisanker aus federnden Zungen besteht, die mechanisch auf bestimmte Frequenzen abgestimmt

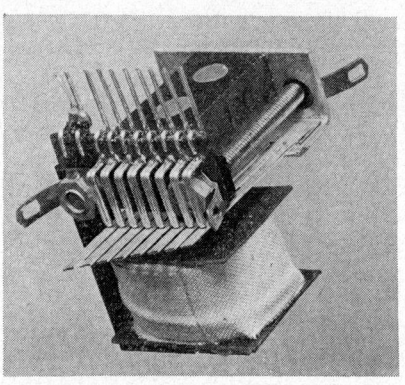

Bild 22:
Resonanzrelais mit elektromagnetisch angeregten Zungen (Bild: Pfeil)

sind. Auf die schwingenden Zungen wirkt neben einer Tonfrequenz als Steuerspannung ein magnetisches Gleichfeld, das zur Vormagnetisierung und damit zur Empfindlichkeitssteigerung der Zungen dient. Es sind hierbei 8 verschiedene Zungen vorgesehen, deren Ansprechfrequenz im Bereich zwischen 280 bis 400 Hz liegt, wobei der Frequenzabstand ca. 15 Hz beträgt. Die Ansprechleistung eines derartigen Relais liegt in der Größenordnung von 0,3 Milliwatt.

Wenn genügend Steuerleistung vorhanden ist, kann man auch ein normales Wechselstromrelais nur mit einem zusätzlichen Kondensator auf die jeweilige Frequenz abstimmen. Der Kondensator bildet zusammen mit der Induktivität der Erregerspule den frequenzselektiven Schwingkreis.

2.2.3.4 Zählrelais

Nach dem Prinzip des Fortschaltrelais sind die Zählrelais aufgebaut. Bei ihnen dreht der Schaltstern bei jeder Relaisbetätigung ein Zahlenrad um eine Zahl weiter. Da das Zahlenrad nur die Ziffern 0 bis 9 trägt und entsprechend einstellig anzeigt, benötigt man bei Zahlen über 10 je Dekade ein weiteres Zählrelais. Schaltet das erste Zählrelais von 9 wieder auf 0, so wird gleichzeitig ein Hilfskontakt betätigt, der das zweite Zählrelais (die zweite Dekade) um eine Ziffer weiterschaltet. Das Zählrelais in Bild 23 ist neben der Zifferanzeige noch mit

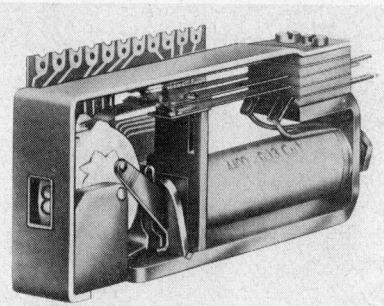

Bild 23:
Zählrelais mit elektrischem Zahlenstellungsabgriff
(Bild: Baumgartner)

einem Zahlenstellungsabgriff versehen. Über diesen Abgriff (read out) kann das Zählergebnis jederzeit elektrisch abgefragt und weiterverarbeitet werden. Damit eignet sich dieses Relais auch als Programmschalter, Speicher oder Vorwahlzähler. Die Zählgeschwindigkeit beträgt maximal 44 Impulse/Sekunde. Neben dem oben erwähnten Hilfskontakt für den Zehnerübertrag ist noch ein weiterer Hilfskontakt vorhanden, der bei Erreichen der Nullstellung öffnet. Damit läßt sich das Zählrelais elektrisch zurückstellen.

3. Begriffe und Schaltzeichen

3.1 Anzugskraft

Die Anzugskraft des Magnetkerns auf den Relaisanker muß mindestens so groß sein, daß die Federkräfte der Kontaktfedern überwunden und ein ausreichender Kontaktdruck zwischen den Kontaktstücken erzielt wird. Um eine große Anzugskraft beim Relaisanker zu erzielen, soll der Luftspalt zwischen Anker und Relaiskern möglichst gering sein. Denn der Luftspalt bedeutet für die magnetische Kraftlinie einen um ein Vielfaches höheren Widerstand im Vergleich zum Eisen. Der Luftspalt darf aber auch nicht zu klein sein, denn die durch den Ankerhub betätigten Kontakte müssen mit Sicherheit geschlossen und geöffnet werden können.

Wegen des sich beim Anziehen verändernden Luftspaltes ist die Anzugskraft nicht konstant. Sie hat zu Beginn des Anziehens den zum Überwinden des Luftspaltes nötigen Wert und steigt mit kleiner werdendem Luftspalt auf ein Mehrfaches dieses Wertes an. Dies ist auch der Grund dafür, daß der Haltestrom eines Relais erheblich niedriger als der Anzugsstrom ist. Der Luftspalt darf jedoch nicht ganz zu Null werden, weil der nach Abschalten der Relaiserregung verbleibende Restmagnetismus das Abfallen des Ankers verzögern würde. Zu diesem Zweck bringt man am Kern ein nichtmagnetisches Blättchen oder auch am Anker einen Stift aus nichtmagnetischem Material (Antiklebstift) an, die je nach Relaistyp für einen verbleibenden Luftspalt von 0,05 bis 0,3 mm sorgen.

Die magnetische Feldstärke, die für die Anzugskraft eines Relais vor allem maßgebend ist, hängt von der Ampere-Windungszahl der Wicklung und der magnetischen Leitfähigkeit des Eisens ab. Wäre die Relaiswicklung ohne Eisenkern, so würde mit zunehmendem Strom die Feldstärke im gleichen Verhältnis anwachsen. Doppelter Strom würde doppelte magnetische Feldstärke erzeugen. Bei der Relaiswicklung mit Eisenkern wächst nun die Feldstärke zunächst wesentlich schneller an, jedoch wird mit weiter ansteigender Feldstärke der Eisenkern gesättigt. Eine wesentliche Erhöhung des Stroms verursacht dann nur eine ganz geringe Steigerung der Feldstärke (Bild 24). Bei welchem Strom die Sättigung eintritt, hängt von der Eisensorte des Kerns ab. In dem Gebiet vor Erreichen der Sättigung gilt für Relais etwa die Beziehung, daß bei doppelter

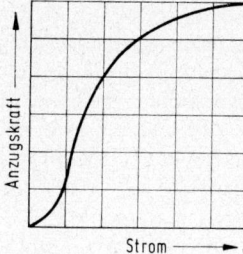

Bild 24:
Zusammenhang zwischen Relaisstrom und Anzugskraft bei üblichen Relais

Ampere-Windungszahl die Anzugskraft auf den vierfachen Wert ansteigt. Das bedeutet in der Praxis, daß beispielsweise für die Betätigung eines Kontaktes mit einem Kontaktdruck von 25 p 50 AW erforderlich sind, dagegen für vier Kontakte mit zusammen 100 p Kontaktdruck nur 100 AW. Nach Erreichen der Sättigung nimmt die Anziehungskraft bei Erhöhen des Stroms und der Windungszahl kaum mehr zu. Ein Vergrößern dieser Werte ist daher praktisch sinnlos.

3.2 Erregung

3.2.1 Anzugsstrom (Anzugserregung)

Der kleinste Wert des Erregerstroms, bei dem der Relaisanker bis zur Kontaktgabe umgelegt wird bzw. bei dem das Relais gerade noch anspricht, wird als Anzugsstrom bezeichnet. Je kleiner der Anzugsstrom, um so empfindlicher ist das Relais.

3.2.2 Haltestrom (Halteerregung)

Mit Haltestrom wird der kleinste Stromwert bezeichnet, der den angezogenen Anker gerade noch sicher in dieser Stellung hält. Er ist um ein Mehrfaches kleiner als der Anzugsstrom.

3.2.3 Betriebsstrom (Betriebserregung)

Der Betriebsstrom entspricht dem Nennstrom. Er ist der Strom, unter dem das Relais bei normalen Betriebsverhältnissen arbeitet. Um das Relais sicher zum Anziehen zu bringen, ist der Betriebsstrom meist ein Mehrfaches des Anzugsstromes. Das Verhältnis von Betriebsstrom zu Anzugsstrom heißt Stromsicherheit; es reicht von 2:1 bis 5:1. Der höhere Wert wird vor allem dann gewählt, wenn man die Anzugszeit verkürzen will. Je größer die Stromsicherheit ist, um so schneller zieht das Relais an.

3.2.4 Abfallstrom (Abfallerregung)

Der größte Wert des Erregerstroms, bei dem der Anker eines zur Kontaktgabe erregten Relais diesen Kontakt wieder öffnet, wird als Abfallstrom bezeichnet. Er ist immer kleiner als der Anzugsstrom.

3.2.5 Halteverhältnis (Rückfallverhältnis)

Das Halteverhältnis ist äußerst wichtig für die Beurteilung eines Relais. Es stellt das Verhältnis zwischen Anzugs- und Abfallstrom dar und gibt dabei an, welcher Überschuß an Anzugskraft nach dem Ansprechen des Relais vorhanden ist. Um eine universelle Verwendungsmöglichkeit von Relais zu erreichen, wäre ein Halteverhältnis von 1 : 1 anzustreben. In der Praxis kommen bei Gleichspannung Halteverhältnisse bis 5 : 1 vor, Werte von 3 : 1 sind allgemein üblich. Bei Wechselstromrelais sind die Verhältnisse günstiger, da nach dem Anzug durch die geänderten magnetischen Verhältnisse der induktive

Widerstand größer wird. Das bedeutet, daß die Stromaufnahme eines Wechselstromrelais zu Beginn der Erregung anders ist als nach Beendigung des Schaltvorgangs. Grundsätzlich muß aber zum Anzug eines Relais immer mehr Strom aufgewendet werden. Zum Erreichen eines günstigen Halteverhältnisses, wie es beispielsweise bei Relais zur Spannungsüberwachung gefordert wird, werden vielfach rein konstruktive Maßnahmen bei den betreffenden Relais selbst angewendet. Beispielsweise kann eine besondere Polschuhform gewählt werden, die gegenüber üblichen Relais eine wesentlich kleinere Änderung des Luftspalts durch die Ankerbewegung hervorruft. Eine einfache Möglichkeit zur Verbesserung des Halteverhältnisses zeigt Bild 25, wobei über einen Ruhekontakt (Öffner)

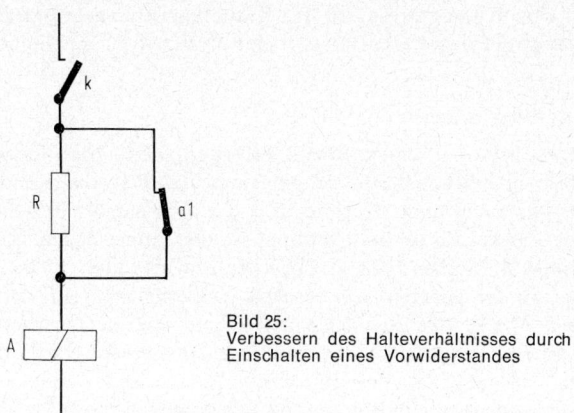

Bild 25:
Verbessern des Halteverhältnisses durch Einschalten eines Vorwiderstandes

am Relais ein Vorwiderstand R nach erfolgtem Ankeranzug automatisch eingeschaltet wird. In der Ruhelage und während des Ansprechens wird dieser Widerstand durch den Ruhekontakt überbrückt. In ähnlicher Form kann auch ein Teil der Wicklung als Gegenwicklung geschaltet werden.

3.2.6 Fehlstrom

In manchen Schaltungen ist die Angabe des Stromes wichtig, der noch durch die Relaiswicklung fließen darf, ohne daß das Relais anzieht. Dieser Strom wird mit Fehlstrom bezeichnet.

3.3 Nennwerte

Nennwerte sind die Spannung und der Strom, für die ein Relais vom Hersteller aus bemessen ist. So wird die Wicklung für eine bestimmte Nennspannung bemessen; der sich dabei einstellende Strom ist der Nennstrom. Ebenso beziehen sich die Kenngrößen Nennverbrauch und Nennwiderstand auf die Nennspannung. Ein weiterer Nennwert ist die relative Einschaltdauer (ED), die in % angegeben wird, wenn ein Relais bei Nennspannung nicht für Dauerbetrieb ausgelegt ist. Sie bezeichnet das Verhältnis von Einschaltzeit zu Spieldauer.

3.4 Relaiszeiten

Jedes Schalten eines Relais erfordert Zeit. Man bezeichnet diese als Zeitkonstante, da sie grundsätzlich festlegt und durch den konstruktiven Aufbau und die Wickeldaten gegeben ist. Die Zeitkonstante kennzeichnet in eindeutiger Weise das Verhalten des Relais beim Ansprechen und Abfallen. Sie setzt sich zusammen aus der elektrischen Zeitkonstante für den Auf- und Abbau des magnetischen Feldes und der mechanischen Zeitkonstante für die Überwindung der mechanischen Trägheit. Die wesentlichen, bei Relais interessierenden Zeiten sind im Bild 26 dargestellt, sie werden wie folgt definiert:

3.4.1 Anlaufzeit

Die Anlaufzeit (T 1) ist die Zeitdauer bis zum Beginn der Ankerbewegung, sie wird verursacht durch die elektrische Trägheit.

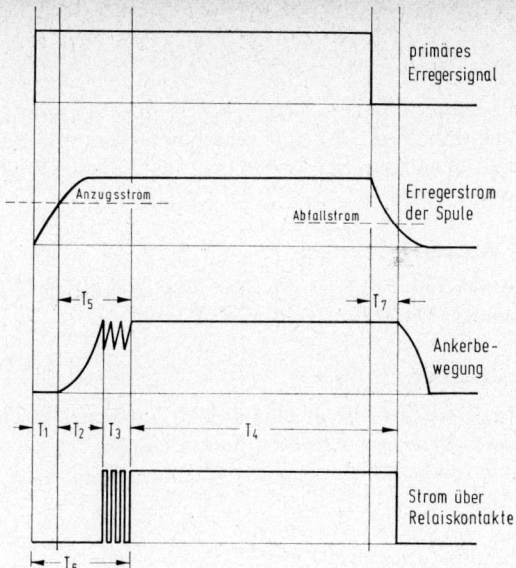

Bild 26: Relaiszeitwerte

3.4.2 Hubzeit

Die Hubzeit (T 2) ist die Zeit zwischen Beginn der Ankerbewegung und dem ersten Aufschlag des Ankerkontakts auf den Gegenkontakt bzw. die Zeit vom Beginn der Ankerbewegung bis zum Schließen des Kontakts.

3.4.3 Prellzeit

Die Prellzeit (T 3) ist die Zeit zwischen dem ersten und dem letzten Aufschlag eines prellenden Ankers auf einen Kontakt.

3.4.4 Umschlagzeit

Die Umschlagzeit (T 5) ist die Zeitdauer, die der Anker von der Ruhelage bis zur Arbeitslage benötigt, sie wird verursacht durch die mechanische Trägheit und ist die Summe aus Hub- und Prellzeit.

3.4.5 Anzugszeit

Die Anzugszeit (T 6) ist diejenige Zeit, die verstreicht, bis das Relais den Schaltvorgang auf steuernde Stromkreise umgesetzt hat. Die Anzugszeit ist die Summe aus Anlaufzeit und Umschlagzeit.

3.4.6 Kontaktzeit

Die Kontaktzeit (T 4) ist die Zeit vom endgültigen Schließen des Kontakts bis zum darauffolgenden Öffnen.

3.4.7 Abfallzeit

Die Abfallzeit (T 7) ist diejenige Zeit, die verstreicht, bis nach Unterbrechen des primären Stromkreises der Erregerstrom in der Spule soweit abgeklungen ist, daß das Abfallen des Ankers beginnt.

3.4.8 Schalthäufigkeit

Durch die von der Konstruktion des Relais her gegebenen Zeitkonstanten wird die Schalthäufigkeit, das ist die maximal mögliche Zahl der Relaisbetätigungen in der Zeiteinheit, begrenzt. Sie wird gewöhnlich als Zahl der möglichen Schaltspiele (Ein, Aus) pro Minute oder pro Sekunde angegeben.

3.5 Schaltzeichen

3.5.1 Relais

Die Schaltzeichen für Relais sind in DIN 40 713 festgelegt. Eine für den Praktiker meist ausreichende Auswahl aus diesen Schaltzeichen für Relais ist in Tabelle 1 (S. 94) wiedergegeben.

3.5.2 Kontakte

DIN 40 713 enthält ebenfalls die Schaltzeichen für die verschiedenen Kontaktarten, weitere Angaben über die Darstellung von Kontaktkombinationen und deren Bezeichnungen sind in DIN 41 020 und VDE 0435 enthalten. Eine Auswahl der Schaltzeichen für Kontakte finden Sie in Tabelle 2 (S. 95).

3.5.3 Kennzeichnung in Schaltplänen

In Schaltplänen finden sich meist mehrere Relais und eine Fülle von Kontakten, so daß eine einwandfreie Kennzeichnung sehr wesentlich ist. Die jeweilige Relaisspule wird neben ihrem Schaltzeichen mit einem Großbuchstaben (z. B.: A, B, C . . .) gekennzeichnet; die zugehörigen Kontakte mit Kleinbuchstaben und fortlaufender Numerierung (z. B.: a_1, a_2, b_1, b_2 . . .). Mehrere Wicklungen ein- und derselben Relaisspule werden neben dem Buchstaben mit römischen Ziffern bezeichnet z. B.: AI, AII). Die Relaiskontakte werden in Schaltbildern gewöhnlich in der Stellung gezeichnet, die dem unerregten Zustand des Relais entspricht.

4. Die Relaiswicklung

Bei der Auswahl eines Relais sind vor allem folgende Fragen wichtig:
- Welche Spannung steht zur Verfügung?
- Bei welcher kleinsten Spannung soll das Relais noch anziehen?
- Wie lange dauert die Erregung des Relais?

Alle diese Fragen stehen in unmittelbarem Zusammenhang mit der Relaiswicklung. Sie muß daher den jeweiligen Erfordernissen angepaßt werden. Für besondere Fälle befinden sich auf dem Relaiskern auch mehrere Wicklungen, die jeweils getrennt an Lötstifte geführt werden. Die Windungszahl ist genau festgelegt und beträgt zwischen 100 und 40 000 Windungen, während der ohmsche Widerstand mit Toleranzen von ± 10 % eingehalten wird. Widerstandswerte von 0,1 bis 10 000 Ω sind üblich.

Normalerweise tragen die Relais auf ihrer Mantelfläche die Spulenangaben aufgedruckt. Die Bezeichnung, wie sie das in

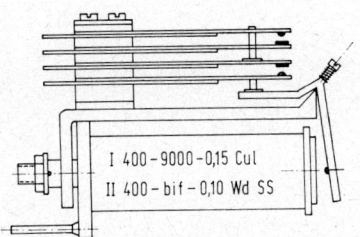

Bild 27:
Angaben auf dem Spulenmantel eines Relais

Bild 27 gezeigte Relais trägt, hat folgende Bedeutung: Das Relais hat zwei voneinander getrennte Wicklungen. Die Wicklung I hat einen Widerstand von 400 Ω, 9000 Windungen aus Kupferlackdraht mit einem Durchmesser von 0,15 mm. Dagegen hat die Wicklung II zwar auch einen Widerstand von 400 Ω, doch ist sie als Widerstandswicklung ausgeführt und bifilar, d. h. ohne induktive Wirkung, auf den Kern aufgebracht. Wd SS bedeutet, daß diese Wicklung lediglich einen Widerstand darstellt und mit doppelter Seide-Isolation ausgeführt ist. Die angegebenen Zahlenwerte bedeuten der Reihe nach: Widerstand in Ω, Windungszahl, Drahtdurchmesser in mm.

Für die Beurteilung von Relais ist grundsätzlich das Produkt aus Windungszahl und Anzugsstrom bzw. Betriebsstrom maßgebend. Man bezeichnet dieses Produkt abgekürzt mit AW (Ampere-Windungszahl), es stellt den wichtigsten Faktor bei der Relaisberechnung dar. Für Relais gleicher Bauart gilt praktisch ein bestimmter AW-Wert als Konstante. Es kommen Beträge zwischen 2 AW und 250 AW vor, wobei die kleinsten Werte Relais mit besonders großer Empfindlichkeit betreffen. Polarisierte Relais benötigen mindestens 2 bis 10 AW und normale Klappankerrelais etwa 100 AW und mehr. Die angegebenen Zahlen beziehen sich auf die Größe der Anzugswerte. Der Betriebswert liegt jedoch mindestens zweimal so hoch, da grundsätzlich mit einer bestimmten Sicherheit gearbeitet wird.

4.1 Die Ermittlung der AW-Zahl

Vielfach kann die AW-Zahl eines bestimmten Relais aus den Prospekten entnommen werden. Liegen die Daten jedoch nicht vor, so wird der Anzugsstrom gemäß Bild 28 gemessen. Der Strom wird dabei vom kleinsten Wert solange vergrößert, bis

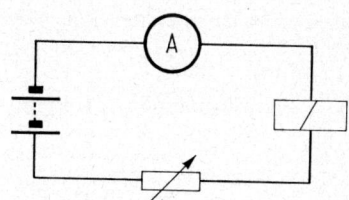

Bild 28:
Schaltung zum Messen des Anzugsstromes

das Relais anspricht. Dieser Wert ergibt multipliziert mit der Windungszahl die Konstante AW. Ist die Relaiswicklung defekt oder nicht mehr vorhanden, so wird auf den Kern eine Hilfswicklung aufgebracht. Es ist dabei naturgemäß gleich, ob bei vielen Windungen ein kleiner Strom oder bei wenigen Windungen ein großer Strom fließt, denn es kommt immer auf das Produkt an. Zur überschlägigen Beurteilung und Berechnung von Relaiswicklungen genügen in den meisten Fällen für die Anzugserregung folgende Richtwerte:

Rundrelais	50	250 AW
Flachrelais	100	150 AW
Telegrafenrelais	10	30 AW
Polarisierte Relais moderner Bauart	2	5 AW

Um den Betriebswert zu erhalten, wird die Anzugs-AW-Zahl mit dem Faktor 2—3 multipliziert. Die Betriebserregung berücksichtigt dann eine entsprechende Sicherheit. Soll ein Relais besonders schnell arbeiten, so wird der Betriebswert oft bis auf den fünffachen Betrag der Anzugserregung erhöht.

4.2 Spannungs- und Strombedarf des Relais

Liegt die AW-Zahl fest, so interessiert die erforderliche Betriebsspannung U. Als Beispiel wird angenommen, daß ein Klappankerrelais mit einer Betriebserregung von 300 AW (300%ige Sicherheit) folgende Spulenangaben hat:

$$240 - 6000 - 0{,}15 \text{ Cu L}$$

Das bedeutet, daß der Relaiswiderstand $R = 240\ \Omega$ beträgt und die Wicklung aus 6000 Windungen Kupferlackdraht mit einem Drahtdurchmesser von 0,15 mm besteht. Die erforderliche Betriebsspannung U ergibt sich dann aus der Beziehung:

$$U = \frac{AW \cdot R}{\text{Windungszahl}} = \frac{300 \cdot 240}{6000} = 12 \text{ V}$$

Diese Betriebsspannung von 12 V reicht in jedem Fall für betriebssicheres Arbeiten aus, da ein entsprechender Sicherheitsbetrag berücksichtigt ist. Der Betriebsstrom I beträgt:

$$I = \frac{U}{R} = \frac{12}{240} = 0,05 \text{ A} = 50 \text{ mA}$$

Da mit 300%iger Sicherheit gearbeitet wird, betragen die Anzugswerte nur den dritten Teil.

4.3 Thermische Belastbarkeit

Die Windungszahl, die ein Relais aufnehmen kann, ist begrenzt durch den gegebenen Wickelraum und die auftretende Erwärmung. Letztere steigt beim Einschalten schnell an und hat etwa nach einer Stunde den Endwert erreicht. Falls jedoch das Relais, wie es meist vorkommt, im Aussetzbereich arbeitet und damit abwechselnd ein Ein- und Ausschalten erfolgt, wird die Endtemperatur wesentlich später erreicht. Grundsätzlich durchläuft die Erwärmung drei verschiedene Abschnitte. Im ersten Abschnitt erwärmt die in der Wicklung erzeugte Wärme nur das Wicklungskupfer, später auch den Spulenkörper und zum Schluß die übrigen Einzelteile. Im zweiten Abschnitt beginnt die Wärmeabgabe an die Umgebung merkliche Werte anzunehmen, die mit steigender Temperatur noch zunimmt. Im dritten Abschnitt wird der Beharrungszustand erreicht, bei dem der Temperaturunterschied zwischen Spule und Umgebung so groß wird, daß die ganze in ihr erzeugte Wärme an die Umgebung abgegeben wird. Um die bei Dauerbetrieb zulässige Höchsttemperatur nicht zu überschreiten, muß darauf geachtet werden, daß die Belastung bei üblichen Relais nicht wesentlich über 6 W ansteigt. Dabei sind folgende Abmessungen der Spule zugrunde gelegt: Länge ca. 60 mm, Außendurchmesser ca. 20 mm und Innendurchmesser ca. 10 mm. Die höchst zulässige Temperatur hängt dabei von der Isolationsklasse des jeweils verwendeten Drahtes ab, wobei zu beachten ist, daß diese Grenztemperatur sich aus der Raumtemperatur und der Übertemperatur zusammensetzt. Es soll jedoch betont werden, daß Relais normalerweise unter diesen Temperaturen arbeiten. In dem vorliegenden Beispiel ergibt sich die thermische Belastung wie folgt:

$$12 \text{ V} \cdot 0{,}05 \text{ A} = 0{,}6 \text{ W}$$

Das bedeutet, daß bis zum Erreichen des Grenzwertes noch eine 10fache Leistungserhöhung möglich wäre.

4.4 Ermittlung des Drahtdurchmessers

Soll ein vorhandenes Relais für andere Zwecke umgewickelt werden, so gilt die AW-Zahl weiterhin als Konstante, da der Wickelraum und die magnetischen Daten des Relais in jedem Fall gleich bleiben. Allerdings ist dabei vorausgesetzt, daß der Wickelraum auch voll ausgenutzt wird und die Anzahl der zu

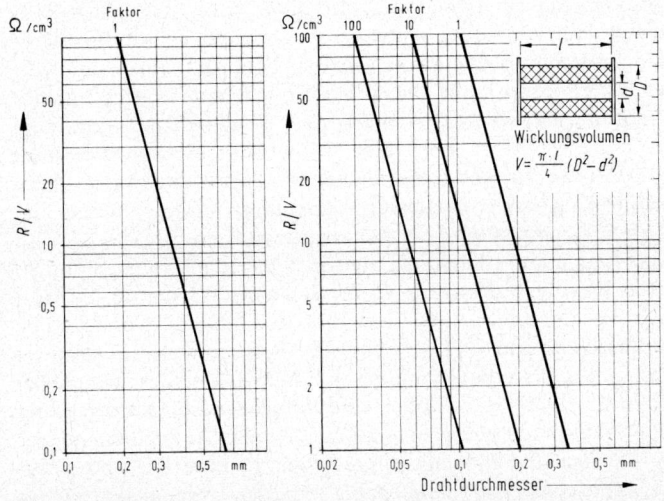

Bild 29: Nomogramm zum Ermitteln des Drahtdurchmessers für Relaiswicklungen, wenn der Widerstand und das Wickelvolumen gegeben sind

betätigenden Schaltkontakte gleich geblieben ist. Der Widerstand einer Relaiswicklung wird vielfach durch die Art der Schaltung vorgeschrieben, und es gilt, den erforderlichen Drahtdurchmesser zu ermitteln (s. Bild 29). Der Wickelraum V ergibt sich aus der Beziehung

$$V = \frac{\pi \cdot l}{4} (D^2 - d^2)$$

wobei alle Werte in cm eingesetzt werden müssen. Wenn der geforderte Relaiswiderstand z. B. 10 000 Ω und der Wickelraum $V = 12$ cm³ beträgt, so ist das Verhältnis

$$\frac{R}{V} = \frac{10\ 000\ \Omega}{12\ \text{cm}^3} = 833\ \Omega/\text{cm}^3$$

In Bild 29 lesen wir bei 83mal den Faktor 10 (= 830) etwa 0,06 mm als notwendigen Drahtdurchmesser ab. Erforderlichenfalls wird die aus dem Diagramm entnommene Drahtdicke auf handelsübliche Werte nach unten abgerundet. Ein genaues Errechnen wäre wenig sinnvoll, weil durch die vorhandene Streuung der Feindrähte und infolge Dehnung beim Aufwickeln bereits Widerstand und Windungszahl bis 10 % vom Sollwert abweichen können. Im übrigen ist zu bedenken, daß die Widerstandswerte durch Erwärmung im Betrieb sich ebenfalls über 10 % ändern können.

Bild 30 dient zur Ermittlung der Windungszahl, wenn Wicklungsfläche und Drahtdurchmesser bekannt sind. Das ist immer dann wichtig, wenn Relais ohne Wicklungsdaten vorliegen, aber die Abmessungen des Relaiskerns und der Drahtdurchmesser gemessen werden können. Im Gegensatz zu Bild 29 ist hier nicht das Wicklungsvolumen, sondern die Wicklungsfläche maßgebend. Für einen bestimmten Drahtdurchmesser wird die Windungszahl pro Quadratzentimeter der Wicklungsfläche aus dem Diagramm entnommen und dieser Wert mit der Wick-

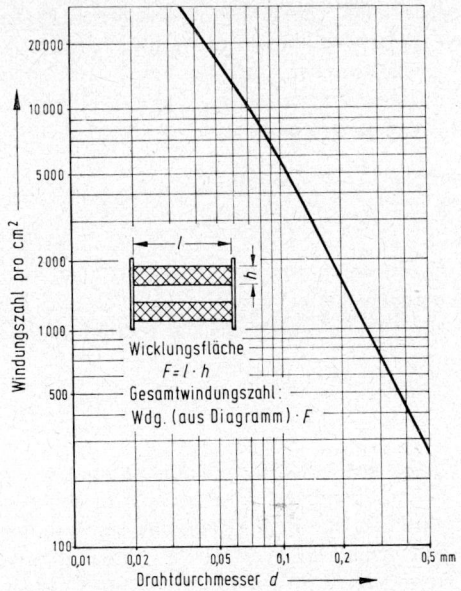

Bild 30: Nomogramm zum Ermitteln der Windungszahl, wenn der Drahtdurchmesser und die Wickelfläche bekannt sind

lungsfläche multipliziert. Das Ergebnis ist dann die Gesamtwindungszahl der Wicklung, wobei ebenfalls mit einer Toleranz von mindestens 10 % zu rechnen ist.

4.5 Die Induktivität der Relaiswicklung

Für den normalen Betriebsfall mag die Induktivität der Relaiswicklung wenig interessant sein. Sie ist jedoch maßgebend für die beim Abschalten des Relais an den steuernden Kontakten auftretende Schaltüberspannung, die zu einer starken Funkenbildung und damit zu einem raschen Verschleiß der Kontakte führt. Dieser Verschleiß kann jedoch mit geeigneten Maßnahmen (siehe Kapitel 5.) stark herabgesetzt werden.

Bei Wechselstromrelais bestimmt die Induktivität zusammen mit dem ohmschen Widerstand die Stromaufnahme der Erregerwicklung, da hierfür der Scheinwiderstand Z maßgebend ist, der die geometrische Summe aus dem induktiven Widerstand (Blindwiderstand) $X_L = \omega \cdot L$ und dem ohmschen Widerstand R darstellt. Rechnerisch ergibt sich der Betrag des Scheinwiderstandes zu:

$$Z = \sqrt{R^2 + X^2} = \sqrt{R^2 + (\omega L)^2},$$

hierin ist $\omega = 2\pi f =$ Kreisfrequenz.

Die Induktivität L läßt sich nach dieser Beziehung leicht errechnen, wenn R und Z bekannt sind. R ist gewöhnlich auf dem Spulenmantel angegeben, läßt sich aber auch leicht mit dem Ohmmeter oder nach der Strom-Spannungs-Methode mit Gleichstrom messen. Der Scheinwiderstand Z läßt sich ebenfalls nach der Strom-Spannungs-Methode mit Wechselstrom bestimmen. In den meisten Fällen genügt hierzu die Netzfrequenz von 50 Hz, so daß die Messung nach Bild 31 recht einfach ist. Um nicht in die Sättigung des Kernes zu kommen, ist eine niedrige Sekundärspannung des Transformators in Bild 31 zu wählen. Der Blindwiderstand X ist dann

$$X = \sqrt{Z^2 - R^2}.$$

Da $X = \omega L$ ist, ergibt sich

$$L = \frac{X}{\omega} = \frac{X}{2\pi f},$$

mit $f = 50$ Hz und $\pi = 3,14$. Wählt man eine andere Meßfrequenz, so muß man für f natürlich den entsprechenden anderen Wert einsetzen.

Die Induktivität eines Relais ist abhängig vom Aufbau der Spule und des magnetischen Kreises. Die Daten des magneti-

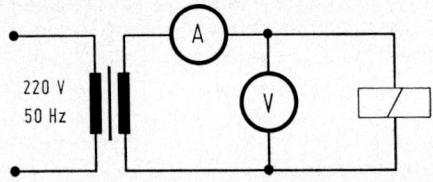

Bild 31: Messen des Scheinwiderstandes nach der Stromspannungs-Methode

schen Kreises ändern sich aber, je nachdem, ob das Relais den Anker angezogen hat oder nicht. Bei nicht angezogenem Anker verringert der Luftspalt die Induktivität gegenüber dem Zustand mit angezogenem Anker erheblich. Man muß daher stets prüfen, in welchem Zustand des Relais die Induktivität interessiert und den Wert in diesem Zustand bestimmen.

5. Kontakte, Funkenlöschung

5.1 Kontakte

Von allen Störungen, die bei Relais auftreten können, sind die meisten auf ein Versagen der Kontakte zurückzuführen. Den Kontakten ist daher bei der Auswahl eines Relais für einen bestimmten Verwendungszweck die höchste Aufmerksamkeit zu widmen. Wesentliche Faktoren sind dabei die verlangte störungsfreie Schaltzahl, die zu schaltende Spannung und der Strom, die Stromart, die Art des Lastkreises (ob ohmisch, induktiv oder kapazitiv) und die Umgebungsbedingungen (korrosive Atmosphäre). Je nach den gestellten Anforderungen haben sich verschiedene Kontaktarten und -werkstoffe als jeweils günstigste Lösung erwiesen, so daß heute eine ganze Auswahl unterschiedlicher Möglichkeiten zur Verfügung stehen.

5.1.1 Kontaktarten

5.1.1.1 Offene Kontakte

Der weitaus am häufigsten verwendete Kontakt ist der offene Kontakt. Den eigentlichen Kontakt, also das Verbinden zweier getrennter Leitungen, bilden dabei zwei Kontaktstücke, auch Kontaktniete genannt, weil sie jeweils auf eine ihre Lage im Ruhezustand bestimmende Kontaktfeder aufgenietet sind. Die Kontaktstücke sind die eigentlichen Verschleißteile des Relais, weil sie den Einflüssen des Stromüberganges zwischen ihren Oberflächen, dem Abrieb und dem Einfluß der Umgebungsluft ausgesetzt sind. Eine Kombination aus zwei Kontaktfedern mit ihren Kontaktstücken bildet einen Kontaktfedersatz. Mehrere Kontaktfedersätze wiederum bilden in ihrer Kombination je nach Zahl der zu schaltenden Stromkreise den Kontaktsatz des Relais. Die Arten der Kontaktfedersätze (Öffner, Schließer, Wechsler usw.) sind in Tabelle 2 auf Seite 95 in einer Auswahl zusammengestellt.

Bei den Kontakten unterscheidet man grob zwischen Schwachstrom- und Starkstromkontakten. Schwachstromkontakte eignen sich nur zum Schalten kleiner Lasten mit niedrigen Spannungen und Strömen, dafür darf das Material der Kontaktstücke nur geringe Übergangswiderstände aufweisen und muß gegen die Bildung von Fremdschichten, die den Stromübergang bei niedriger Spannung besonders stören, weitgehend resistent sein. Starkstromkontakte sollen höhere Ströme (bis zu 10 A) bei Netzspannung schalten können. Die Anforderungen an die Kontaktstücke liegen hier vor allem auf geringem Abbrand der Oberfläche. Größe, Form und Werkstoff der Kontaktstücke muß entsprechend gewählt werden.

Als Nennwerte der Kontakte werden Schaltspannung und Schaltstrom sowie die maximale Schaltleistung angegeben. Schaltspannung und Schaltstrom stellen jeweils für sich einen Grenzwert dar, der nicht überschritten werden soll. Nutzt man einen dieser Grenzwerte aus, so darf der andere Wert nur so hoch sein, daß die maximale Schaltleistung nicht überschritten wird. Diese ist gewöhnlich für ohmsche Last und eine bestimmte Zahl von Schaltspielen (Kontaktlebensdauer) angegeben. Bild 32 zeigt am Beispiel eines Industrie-Schaltrelais den Zusammenhang zwischen Kontaktlebensdauer und Schaltleistung. Das Relais ist für eine mechanische Lebensdauer von

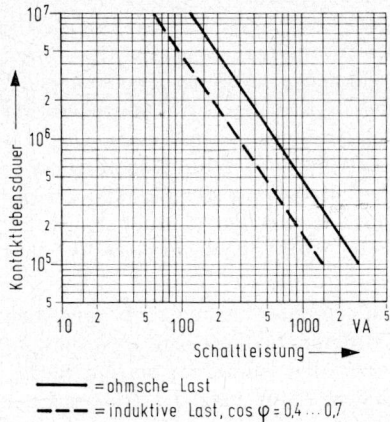

Bild 32: Abhängigkeit der Kontaktlebensdauer von der Schaltleistung

─── = ohmsche Last
─ ─ ─ = induktive Last, cos φ = 0,4 ... 0,7

>20 Millionen Schaltspielen ausgelegt; die Kontakt-Nennspannung ist 38 V und der Dauerstrom 6/10 A bei Wechselstrombetrieb. Verwendet wurden Hartsilberkontaktstücke, deren maximaler Schaltstrom etwa das 3,5fache des angegebenen Dauerstromes beträgt.

5.1.1.2 Reedkontakte

Reedkontakte (Schutzgaskontakte) stellen Federkontakte dar, die zum Erzielen optimaler Umgebungsbedingungen in ein luftleeres Glasröhrchen eingeschmolzen sind (Bild 33), das zudem meist mit einem neutralen Schutzgas gefüllt ist. Als

Bild 33: Reedkontakt (Schutzgaskontakt)

Schutzgas wird gewöhnlich ein Gemisch aus Stickstoff mit einigen Prozent Wasserstoff verwendet. Im Unterschied zu diesen als „trockene Reedkontakte" bezeichneten stehen die sogenannten Quecksilberreedkontakte (mercury wetted reed contacts), bei denen eine kleine Menge flüssigen Quecksilbers über mikroskopisch feine Kanäle die Oberfläche der Kontaktstellen ständig mit einem feinen Quecksilberfilm überzogen hält. Der Quecksilberfilm verhindert das sonst vorhandene Prellen der Kontakte und ergibt bei höherer Belastung eine noch höhere Lebensdauer der Reedkontakte. Damit das flüssige Quecksilber nicht ungewollt Kontakt schließt, können solche Kontakte nur in senkrechter Stellung betrieben werden.

5.1.1.3 Quecksilberkontakte

Sollen besonders hohe Schaltleistungen erreicht werden, so verwendet man gelegentlich noch Quecksilberschaltröhren. Auch dies sind Glasröhren, in die Kontaktstifte eingeschmol-

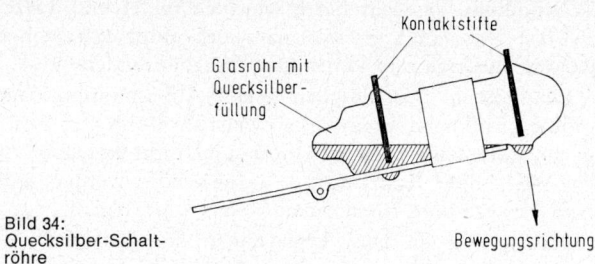

Bild 34: Quecksilber-Schaltröhre

zen sind. Sie enthalten jedoch so viel flüssiges Quecksilber, daß dieses beim Kippen die Kontaktstifte erreicht und damit eine leitende Verbindung herstellt (Bild 34). Das Kippen der Schaltröhre besorgt ein Relaisanker beim Anziehen.

5.1.2 Kontaktwerkstoffe

Dem Kontaktwerkstoff kommt aus den oben erläuterten Gründen eine besondere Bedeutung zu.

Für die meisten Anwendungen hat sich **Feinsilber** als brauchbares Kontaktmaterial erwiesen, da es in normaler Beanspruchung ausreichend gute Eigenschaften aufweist und das preiswerteste Material für Kontakte darstellt. Es eignet sich jedoch weniger für schwachen Kontaktdruck und in schwefelhaltiger Atmosphäre, ist wenig funkenbeständig und neigt zum Verschweißen.

Feingoldkontakte bieten einen niedrigeren Übergangswiderstand als Silber und sind chemisch beständiger, neigen jedoch ebenfalls zum Schweißen und haben einen hohen Abbrand. Feingold wird fast nur für ausgesprochene Schwachstromkontakte verwendet.

Höhere Schaltströme als Silber läßt **Platin** zu, da es abbrandfest ist. Gegen chemisch aktive Bestandteile der Luft ist Platin nicht empfindlich.

Ein hervorragendes, aber auch sehr teures Kontaktmaterial ist **Rhodium,** das sehr harte Schichten bildet und äußerst abriebfest ist. Damit erreicht man auch unter extremen Bedingungen niedrige und konstante Übergangswiderstände.

Die höchste Beständigkeit gegen Abbrand und damit die größte Lichtbogenbeständigkeit weist **Wolfram** auf. Sein Übergangswiderstand ist jedoch hoch und nicht konstant, so daß ein sehr hoher Kontaktdruck aufgewendet werden muß, der eine Verwendung für normale Relais kaum zuläßt.

Häufig werden auch **Legierungen** der genannten Metalle untereinander oder mit Kupfer, Nickel, Kadmium, Palladium u. a. verwendet, wodurch man kombinierte und verbesserte Eigenschaften erhält. Sehr hohe Schaltleistungen bei niedrigem

Übergangswiderstand bietet z. B. der allerdings sehr teure Platin-Iridium-Kontakt.

5.1.3 Prellung und Dämpfung von Relaiskontakten

Das einwandfreie Arbeiten von Relais, insbesondere im Dauerbetrieb, hängt in hohem Maße davon ab, wie weit Prellerscheinungen unterdrückt werden können. An sich neigt jedes mechanische Relais mehr oder minder zum Prellen, denn der Relaisanker kann nicht sofort, wenn er seinen Arbeitshub beendet hat, abgebremst werden. Die in ihm steckende Bewegungsenergie verursacht eine nach der ersten Kontaktberührung pendelnde Bewegung, die als Prellung bezeichnet wird. Sie hat nicht nur eine ungewollte Vergrößerung der Schaltzeit, sondern auch einen höheren Verschleiß der Relaiskontakte zur Folge. Die Prellungen bewirken nämlich ein mehrfaches Öffnen und Schließen des Sekundärstromkreises, wodurch zusätzliche Funken entstehen. Es ist klar, daß Relais mit prellarmen Kontakten daher in jedem Fall eine längere Lebensdauer haben. Die Prelldauer beträgt meist nur einige Millisekunden, sie reicht aber aus, um die Kontaktgabe kurzzeitig unsicher zu machen. In vielen Fällen genügt bereits eine andere Justierung, um auftretendes Prellen erheblich zu verkleinern. Eine Reihe von Relaistypen, bei denen es in Anbetracht der kurzen Schaltzeiten auf besonders prellarmes Arbeiten ankommt, arbeiten durch geeignete Formgebung und Lagerung des Ankers sowie Anwenden einer mechanischen Dämpfung fast prellungsfrei.

5.1.4 Vermeiden von Kontaktstörungen

Eine ganze Reihe von Faktoren sind für das Auftreten von Kontaktstörungen verantwortlich. Neben dem Abbrand der Kontaktoberflächen durch den Schaltlichtbogen (auch kaum sichtbare Glimmerscheinungen wirken sich hier schon aus) sind es vor allem die chemischen Wirkungen der Atmosphäre, die auf den Oberflächen Fremdschichten bilden und den Übergangswiderstand unzulässig erhöhen. Für den normalen Anwendungsfall hat der Relaishersteller vom Kontaktmaterial und dem nötigen Kontaktdruck her alles getan, um die angegebene Kontaktlebensdauer zu gewährleisten. Werden die Kontakte jedoch selten betätigt oder nur mit ganz geringen Spannungen beaufschlagt, die solche Fremdschichten nicht durchschlagen können, so empfiehlt es sich von vornherein, Reedkontakte zu benutzen. Gelegentlich wird auch die Möglichkeit des **Frittens** benutzt, um den Übergangswiderstand niedrig zu halten. Man legt von Zeit zu Zeit eine Frittspannung an die Kontakte, die entstandene Fremdschichten durchschlägt und so den Kontakt funktionsfähig erhält.

Auch beim Schließen der Kontaktstücke tritt ein, wenn auch kleiner, Lichtbogen auf, der gelegentlich dazu führt, daß die Kontaktstücke miteinander verschweißen (kleben). Ebenso wie beim Ausschaltlichtbogen kann hier eine gut dimensionierte Funkenlöschung helfen, aber auch von der Schaltung her bietet sich gelegentlich die Möglichkeit, das Entstehen von Lichtbögen zu vermeiden. Ein schrittweises An- und Abschalten der Last hilft Lichtbögen begrenzen. Man schaltet dabei z. B. mit Kontakt 1 erst einen Teil der Last ein, deren Stromaufnahme durch einen Vorwiderstand begrenzt ist. Ein zweiter Kontakt (an einem zweiten Relais, das mit Kontakt 1 ebenfalls betätigt wurde) überbrückt anschließend den Vorwiderstand und gibt die volle Leistung frei, wobei jeder Kontakt nur einen Teil der Last zu schalten hat. Beim Ausschalten läuft die Reihenfolge umgekehrt. Verwendet man Folgekontakte, die nacheinander öffnen und schließen, so genügt auch nur ein Relais. Um die Belastung des einzelnen Kontaktes herabzusetzen, kann man auch Doppelkontakte verwenden; diese schalten jedoch meist nicht exakt zur gleichen Zeit.

Da auch Staub mit der Zeit durch das wiederholte Anpressen bei der Kontaktgabe harte isolierende Schichten bildet, sollten die Kontakte mit dichten Staubkappen geschützt werden.

5.2 Funkenlöschung

Funken entstehen an sich öffnenden Kontakten schon ab Betriebsspannungen von etwa 10 V und Strömen ab etwa 0,5 A, jedoch erst ab etwa 50 V gibt es einen Lichtbogen. Der Lichtbogen ist besonders bei Gleichstrom schädlich für den Kontakt, da der Nulldurchgang des Wechselstroms den Lichtbogen von alleine nach einer Halbperiode löscht und damit bei Wechselstrom die Brenndauer des Bogens auf einen kurzen Zeitabschnitt begrenzt wird. Das Entstehen eines Lichtbogens ist auch von der sogen. Bogengrenzspannung des jeweils verwendeten Materials der Kontakte abhängig. So läßt z. B. Wolfram erst ab weit höheren Spannungen als oben angegeben einen Lichtbogen entstehen. Die Bogengrenzspannung ist jedoch wiederum abhängig vom Strom.

Das Bilden von Schaltfunken und Lichtbögen ist außerdem sehr stark von der Art des Lastkreises des Kontaktes abhängig. Bei einem rein ohmschen Lastkreis ist die Schaltspannung lediglich so groß wie die Betriebsspannung. Schaltüberspannungen können nicht entstehen. Unterbricht man jedoch einen induktiven Kreis, so kann die in der Induktivität steckende magnetische Energie nicht sofort zu Null werden. Sie versucht vielmehr den Strom in der ursprünglichen Höhe zu erhalten. Da der Strom aber durch Öffnen der Kontakte unterbrochen wird, baut sich an dem hohen Widerstand der sofort entstehenden Funkenstrecke zwischen den Kontakten eine der vorhandenen magnetischen Energie entsprechende hohe Spannung auf, die den Lichtbogen zündet und am Brennen erhält. Alle Methoden der Funkenlöschung gehen davon aus, diese magnetische Energie, die sich ja über die Selbstinduktion in eine entsprechende elektrische Energie umwandelt, zu vernichten oder wenigstens vom Kontakt abzuleiten.

5.2.1 Funkenlöschung mit RC-Kombination

Eine einfache Art der Funkenlöschung besteht im Parallelschalten eines Kondensators zum Schaltkontakt (Bild 35). Damit wird erreicht, daß im Augenblick der Unterbrechung keine Widerstandserhöhung eintritt. Der Kondensator lädt sich

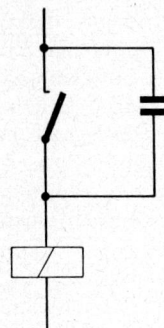

Bild 35: Funkenlöschung mit Parallelkondensator

vielmehr auf, so daß der Strom als Ladestrom aufrecht erhalten bleibt. Dadurch entsteht an dem Schaltkontakt keine Überspannung und es treten auch keine Funken beim Öffnungsvorgang auf. Der Ausgleichsstrom fließt zwar nur solange, bis der Kondensator voll aufgeladen ist. Inzwischen ist aber der Abstand des Kontaktpaares schon so groß geworden, daß ein Funkenüberschlag nicht mehr befürchtet werden muß. Die gleiche Wirkung tritt auch ein, wenn der Kondensator parallel zur Relaiswicklung und nicht zum Schaltkontakt liegt. Ein Nachteil dieser Schaltungen besteht darin, daß zwar der Öffnungsfunke je nach der Größe des Kondensators mehr oder minder gut beseitigt wird, dafür aber der Schließfunke verstärkt in Erscheinung tritt. Die im Kondensator aufgespeicherte Energie ergibt beim Schließen einen kräftigen Funken. Dieser erzeugt ebenfalls eine Wanderung des Kontaktmaterials, was oft dazu führt, daß durch die entstehende Nadelbildung die Kontakte gar nicht mehr öffnen. Dieser Vorgang ist verständlich, wenn man bedenkt, daß beim Schließen die Kontakte mit der vollen Ladespannung des Kondensators beansprucht werden. Es entsteht daher ein Strom, der nur durch den inneren Widerstand des Kondensators und den Übergangswiderstand der Kontakte begrenzt ist. Der Kontakt wird meist durch Punktschweißung beschädigt. Aus diesem Grunde ist es unzweckmäßig, lediglich einen Kondensator zur Funkenlöschung zu verwenden.

Um den Schließfunken zu verhindern oder wenigstens erheblich zu verringern, wird in Reihe zum Funkenlösch-Kondensator ein Widerstand geschaltet (Bild 36). Dieser bringt außerdem den Vorteil, daß die kapazitive Einschaltung nicht zu groß

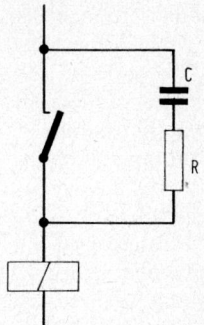

Bild 36: Funkenlöschung mit RC-Glied

wird. An sich verschlechtert der Widerstand die Wirkung des Kondensators erheblich, er muß daher so dimensioniert werden, daß als Kompromiß der Schließungsfunke zum größten Teil unterdrückt wird, der Öffnungsfunke aber noch nicht zu sehr in Erscheinung tritt.

Die Dimensionierung des Funkenlöschwiderstandes wird normalerweise durch Versuch festgelegt. Bei augenscheinlicher Beobachtung der Kontakte wird zunächst einmal die Richtung festgestellt, nach der die Funkenbildung abnimmt. Die endgültige Größe des Widerstandes, bei dem die Funkenbildung ein Minimum erreicht hat, hängt ab von der Funkenlöschkapazität und den übrigen Schaltelementen. Als Richtwerte gelten Kondensatoren bis etwa 4 µF und Widerstände von 5 bis 200 Ω. Besonders die Größe des Widerstandes ist kritisch in bezug auf die Wirksamkeit des Funkenlöschkreises.

Die RC-Kombination ist eine sehr preiswerte Art der Funkenlöschung und bietet zudem von allen anderen Maßnahmen die geringste Abfallverzögerung des Relais. Sie wird daher am häufigsten angewandt. Bei der Dimensionierung sollte man jedoch sorgfältig vorgehen, da eine falsche Wahl der Größen von Widerstand und Kondensator unter Umständen mehr schaden als nutzen kann. Ein Gesichtspunkt ist noch, daß im Wechselstrombetrieb auch bei getrennten Kontakten stets ein gewisser Strom über die RC-Kombination fließt.

Wie wirksam solche RC-Kombinationen sind, zeigt Bild 37, das die oszillografische Aufnahme eines Abschaltvorganges eines Hilfsschützes mit und ohne RC-Glied darstellt. Die Induktionsspannung beträgt ohne RC-Glied 800 V mit einer sehr steilen Flanke und entsprechend hochfrequenten Oberwellen. Das RC-Glied reduziert die Spitzenspannung auf 285 V und unterdrückt alle hochfrequenten Anteile. RC- und andere Funkenlöschglieder werden von der Industrie bereits „konfektioniert" geliefert. Das RC-Glied, mit dem die Unterdrückung der Abschaltspitzenspannung nach Bild 37 erreicht wurde, ist in Bild 38 als Beispiel eines konfektionierten RC-Gliedes wiedergegeben.

5.2.2 Funkenlöschung mit Parallelwiderstand

Eine ebenso einfache wie wirkungsvolle Funkenlöschung kann auch durch Parallelschalten eines Widerstandes zur Relaiswicklung vorgenommen werden (Bild 39). Hier hat der Strom beim Ausschalten des Relais die Möglichkeit, sich über den Parallelwiderstand auszugleichen. Die vorhandene Energie fließt über den Widerstand ab und setzt sich in Wärme um.

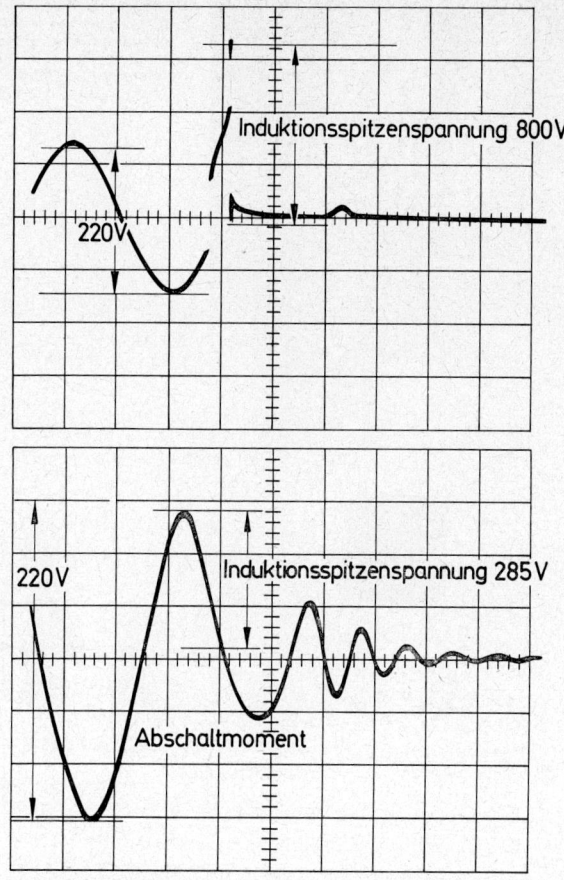

Bild 37: Oszillografische Aufnahme eines Abschaltvorganges mit (unten) und ohne RC-Glied (oben), in verschiedenem Maßstab dargestellt

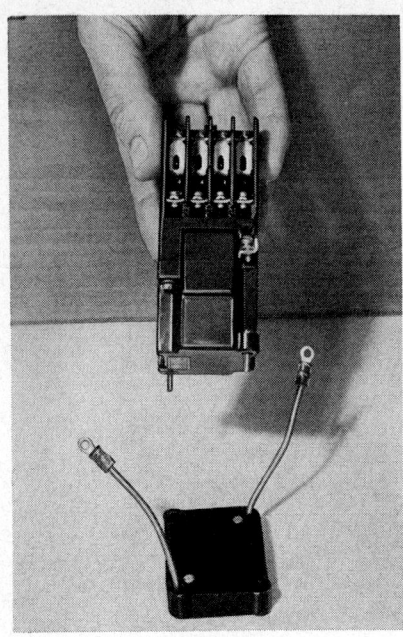

Bild 38:
RC-Glieder zur Funkenlöschung gibt es als fertigen Baustein, hier im Bild als Untersatz zu einem Hilfsschütz (Bild: Murr GmbH)

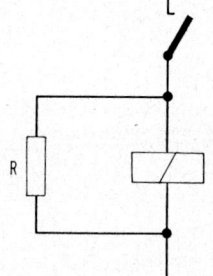

Bild 39: Funkenlöschung mit Parallelwiderstand R

Je kleiner der Widerstand ist, um so besser wird die Funkenlöschung. Ein bedeutender Nachteil ist jedoch, daß im Widerstand dauernd ein Verluststrom fließt, der zudem das Gerät unnötig aufheizt. Man wird ihn also möglichst groß wählen, wobei als Richtwert dienen kann, daß man ihn bei 12 V Betriebsspannung höchstens zehnmal so groß nehmen sollte, wie der Widerstand der Relaiswicklung ist. Um eine gute Wirkung zu erzielen, sollte er aber schon bei 60 V nur noch etwa das dreifache des Spulenwiderstandes haben. Als weiterer Nachteil tritt die erhebliche Abfallverzögerung durch den Parallelwiderstand hinzu.

5.2.3 Funkenlöschung mit Diode

Eine elegante und hochwirksame Methode zur Funkenlöschung bildet das Parallelschalten einer Diode zur Relaiswicklung oder zur induktiven Last (Bild 40). Die Diode ist so angeschaltet, daß sie im normalen Betrieb in Sperrichtung zur Betriebs-

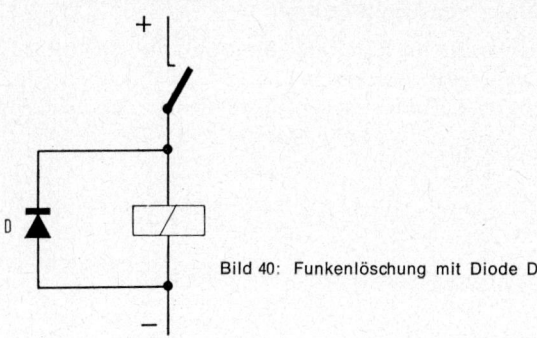

Bild 40: Funkenlöschung mit Diode D

spannung liegt, so daß sie praktisch keinen Verluststrom führt. Da die Induktionsspannung, die beim Abschalten einer Induktivität entsteht, entgegengesetzt zur Betriebsspannung gerichtet ist, hat für sie die Diode Flußrichtung und stellt praktisch einen Kurzschluß dar. Aus dieser kurzen Erläuterung folgt, daß die Funkenlöschung mit Diode nur in Gleichstromkreisen anwendbar ist. Da Dioden (besonders Germanium-

und Siliziumdioden, weniger Selengleichrichter) gegen Überspannungen und Überströme sehr empfindlich sind, sollten sie so ausgewählt werden, daß sie etwa das Doppelte der Betriebsspannung und des Betriebsstromes der Relaiswicklung vertragen können. Auch bei der Diodenlöschung ist die Abfallverzögerung des Relais sehr hoch.

Neben den bisher erläuterten, wichtigsten Methoden der Funkenlöschung gibt es noch eine Reihe weiterer Möglichkeiten z. B. mit VDR-Widerstand oder Glimmröhre sowie Kombinationen der verschiedenen Verfahren, doch würde deren Aufzählung in diesem Rahmen zu weit führen. Wer sich weiter informieren möchte, sei auf das Schrifttum am Ende dieses Buches verwiesen.

5.2.4 Beseitigen von Funkstörungen

Für das Beseitigen von Rundfunkstörungen, die durch Relaiskontakte verursacht werden, ist das Vorhandensein eines Funkenlöschkreises nicht immer ausreichend. Zur Funkent-

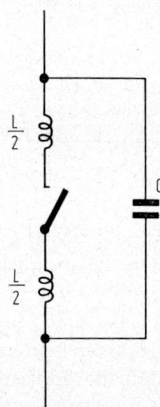

Bild 41:
Funkenlöschglied zum Unterdrücken von Rundfunkstörspannungen

störung von Relaiskontakten verwendet man daher vielfach einen besonderen Störschutz. Bild 41 zeigt eine dafür gebräuchliche Schaltung. Durch das Einschalten von Drosseln in der Größenordnung von einigen Mikrohenry kann z. B. zusammen mit dem Funkenlöschkondensator eine wirksame Entstörung erreicht werden. Da die Drosseln bereits einen bestimmten Gleichstromwiderstand haben, erübrigt sich meist ein zusätzliches Widerstandsglied in Reihe zum Kondensator. Beim Zusammenbau von Doppeldrosseln ist zu beachten, daß diese im gleichen Wicklungssinn aufeinandergelegt werden, da sonst die Entstörung gemindert oder gar aufgehoben wird. Ferner ist wichtig, daß die Entstörglieder möglichst in der Nähe des in Frage kommenden Kontakts angebracht werden, die Zuleitungen sind dabei so kurz wie möglich zu bemessen.

6. Verändern der Schaltzeiten von Relais

6.1 Die Zeitkonstante

Nach dem Einschalten eines Relais steigt der Strom nicht augenblicklich bis zum Endwert an, sondern tut dies mit einer gewissen Verzögerung. Die Ursache dieser Verzögerung ist die in der Relaiswicklung beim Einschalten erzeugte Selbstinduktionsspannung, die der angelegten Betriebsspannung entgegenwirkt. Die verzögernde Wirkung ist um so größer, je höher die Windungszahl des Relais und der zum Anziehen benötigte Strom sind. Allerdings muß beachtet werden, daß sich dies nicht nur auf das Relais bezieht, sondern auf die Daten, die für den gesamten Erregerkreis maßgebend sind.

Für die Beurteilung eines Relais stellt die Anzugszeit als Summe der Anlauf-, Hub- und Prellzeit (siehe hierzu Kapitel

3.4 — Relaiszeiten) den wichtigsten Faktor dar. Es ist praktisch die Zeit, die verstreicht, bis das Relais den primären Schaltvorgang auf zu steuernde Stromkreise umgesetzt hat. Die Anzugszeit bewegt sich bei normalen Klappankerrelais zwischen 5 und 20 Millisekunden, während die Abfallzeit etwa doppelte Werte beträgt. Ebenso wie beim Einschalten eine Gegenspannung erzeugt wird, die das sofortige Ansteigen des Stroms auf den vollen Wert verhindert, entsteht auch beim Abschalten ein Selbstinduktionsstrom, der den Anker noch solange festhält, bis er unter den Wert des Haltestroms gesunken ist. Dabei ist zu bedenken, daß durch den geringen Luftspalt bei angezogenem Anker die magnetischen Verhältnisse so günstig sind, daß dieser erst bei stark geminderter Stromstärke abfällt.

Während sich die mechanische Zeitkonstante nur ungenau erfassen läßt, kann die elektrische Zeitkonstante T nach der Beziehung

$$T = L \cdot R$$

berechnet werden, wobei L die Selbstinduktion und R den Widerstand des g e s a m t e n Stromkreises darstellen. Bei einer Selbstinduktion von 10 H und einem Widerstand von 1000 Ω beträgt die Zeitkonstante beispielsweise 10 Millisekunden. Für manche Aufgaben werden möglichst kurze Schaltzeiten angestrebt. Die Selbstinduktion muß dann sehr klein gemacht werden, wobei der Widerstand möglichst groß sein soll. Außerdem kommt es besonders auf kleine Massen sowie auf einen äußerst geringen Weg des Ankers an. Mit entsprechenden Spezialrelais (Reedrelais) werden auf diese Weise Schaltzeiten von weniger als einer Millisekunde erreicht.

6.2 Verkürzen der Schaltzeiten

6.2.1 Verkürzen der Anzugszeit

Die von der Konstruktion eines Relais her gegebene Zeitkonstante läßt sich nicht umgehen. Doch gibt es einige Tricks, mit denen man die elektrische Komponente der Anzugszeit um einiges verkürzen kann. So kann man z. B. die Erregung des Relais vergrößern, so daß die Anlaufzeit schneller erreicht wird und zum Umschlagen mehr Energie bereitsteht. Hat man eine Relaiswicklung für eine bestimmte Spannung und genügend Raum auf dem Relaiskern, diese Wicklung gegen eine mit doppeltem Strom bei gleicher Windungszahl auszutauschen, so wird die Anlaufzeit praktisch halbiert. In der Praxis heißt dies, daß man eine Wicklung mit doppeltem Drahtquerschnitt aufbringt (siehe hierzu auch Seite 48). Zum sicheren Halten des Relais ist dieser hohe Strom natürlich nicht mehr nötig, so daß man den Betriebsstrom vorteilhaft über einen Vorwiderstand auf einen Wert herabsetzt, der mit Sicherheit über dem

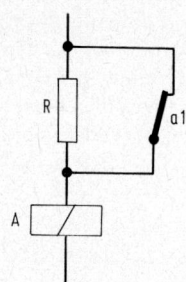

Bild 42:
Beschleunigen des Anzugs mit durch Überbrücken des Widerstandes R heraufgesetzter Ansprecherregung

Haltestrom liegt. Dieses Einschalten des Vorwiderstandes besorgt nach Bild 42 ein Kontakt, der bis zum erfolgten Umschlagen des Ankers den Vorwiderstand überbrückt.

Eine weitere Möglichkeit, die Anzugszeit zu verkürzen, besteht darin, nach der oben angegebenen Formel für die elektrische Zeitkonstante den ohmschen Anteil gegenüber dem induktiven durch einfaches Vorschalten eines Widerstandes zu erhöhen. Allerdings ist hierbei eine erhöhte Betriebsspannung nötig, damit die Erregung nicht geschwächt wird. Mit erhöhter

Betriebsspannung kann man auch das erstgenannte Verfahren benutzen, ohne daß eine geänderte Relaiswicklung nötig wäre. Die erhöhte Betriebsspannung sorgt für eine höhere Erregung, die nach dem Umschlagen durch das Einschalten eines Vorwiderstandes auf den normalen Wert herabgesetzt wird.

6.2.2 Verkürzen der Abfallzeit

Eine kurze Abfallzeit erreicht man, wenn vor dem Abschalten der kleinstmögliche zum Halten benötigte Strom fließt. Es ist klar, daß der Strom um so rascher abklingt, je kleiner er ist. Eine Schaltung nach Bild 42, die den Anzugsstrom gegenüber dem Betriebsstrom erhöht, kann auch dazu benutzt werden, den Strom nach dem Anziehen des Relais so weit herabzusetzen, daß er nur noch wenig größer als der Haltestrom ist.

Bei der Betrachtung der Schaltungen zur Funkenlöschung haben wir gesagt, daß eine RC-Kombination parallel zu den Kontakten oder zur Relaiswicklung (was nur einen geringen Unterschied bedeutet) die Abfallzeit des Relais erhöht. Dimensioniert man jedoch die der Wicklung parallel liegende Kapa-

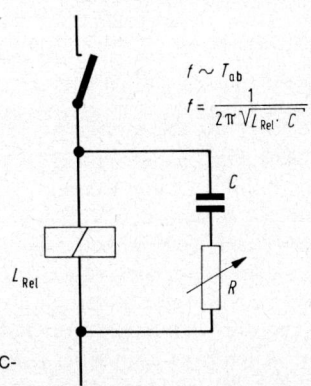

Bild 43:
Verkürzung der Abfallzeit mit RC-Glied

zität so, daß diese zusammen mit der Induktivität der Wicklung und dem Widerstand einen gedämpften Schwingkreis bildet, dessen Zeitkonstante etwas kleiner als die Abklingzeit des Relaisstromes ist, so klingt der Strom nicht nach einer e-Funktion ab, sondern in Form einer gedämpften Schwingung. Das Relais fällt dann beim Nulldurchgang dieser Schwingung ab. Experimentell kann man so vorgehen, daß man einen Kondensator zwischen 5 und 50 µF wählt und den optimalen Wert des Widerstandes nach Bild 43 mit einem Potentiometer im Versuch feststellt.

6.3 Verzögerungsschaltungen

Sehr häufig ist es in zusammengesetzten Relaisschaltungen erforderlich, daß Relais trotz gemeinsamer Erregung oder Abschaltung nicht gleichzeitig reagieren sollen. Dies kann man durch mechanische oder elektrische Verzögerungen erreichen. Während mechanische Verzögerungen, wie Luftdämpfungen oder konstruktive Maßnahmen am Luftspalt, von vornherein gegeben sein müssen, kann man elektrische Verzögerungen sehr leicht nachträglich vornehmen. Da manche Verzögerungsverfahren sowohl die Abfall- wie die Anzugszeit beeinflussen, sollte man, wenn dies nicht erwünscht ist, doch stets an diese Gefahr denken und entsprechende Abhilfe schaffen. So verlängern z. B. Kurzschlußringe im magnetischen Kreis beide Zeiten; den Abfall stärker, den Anzug weniger. Doch wird bei den meisten Verzögerungsverfahren nur die eine oder die andere Zeit beeinflußt. Die mit den im nachfolgenden beschriebenen Methoden erreichbaren Verzögerungszeiten sind nicht allzugroß. Benötigt man Zeiten, die über einige Sekunden hinausgehen, so erfüllen elektronische Verzögerungsrelais, wie sie im Abschnitt 7 beschrieben sind, alle Ansprüche, bedeuten aber auch einen relativ hohen Aufwand. Daneben gibt es noch mechanische Zeitrelais, die mit einem Uhrwerk beliebige Schaltzeiten einstellen lassen.

6.3.1 Verlängern der Anzugszeit

Anzugsverzögerungen werden durch einen entsprechend verzögerten Aufbau des magnetischen Feldes erreicht. Eine Möglichkeit hierzu bietet eine zweite Wicklung des Relais, die über einen Ruhekontakt (Öffner) nach Bild 44a kurzgeschlossen wird, solange das Relais noch nicht angezogen hat. Der in der zweiten Wicklung induzierte und über den geschlossenen Kontakt fließende Strom wirkt dem Aufbau des Erregerfeldes entgegen und verlängert so die Anzugszeit. Die Abfallzeit wird nicht beeinflußt, weil der Kontakt nach dem Anziehen

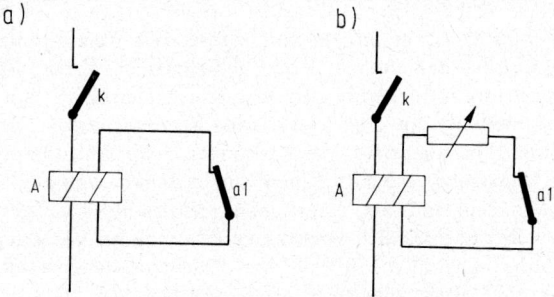

Bild 44: Anzugsverzögerung mit Kurzschlußwicklung

ja geöffnet ist. Die Wirkung der Kurzschlußwicklung ist abhängig von ihrer Windungszahl und ihrem ohmschen Widerstand. Mit einem Potentiometer kann man diesen Widerstand beliebig vergrößern und damit die Wirkung beeinflussen (Bild 44b). Da man damit den Gesamtwiderstand aber nur vergrößern kann, wird die Verzögerungszeit nur in Richtung Verkürzung geändert. Man erreicht damit Verzögerungen bis etwa 100 ms.

Das reine Parallelschalten eines Kondensators zur Relaiswicklung bringt nur geringe Anzugsverzögerungen, da sich der Kondensator über den niedrigen Innenwiderstand der Stromquelle sehr rasch auflädt. Schaltet man jedoch nach Bild 45 einen Widerstand vor die Parallelschaltung von Kondensator und Relais, so kann man damit Anzugsverzögerungen

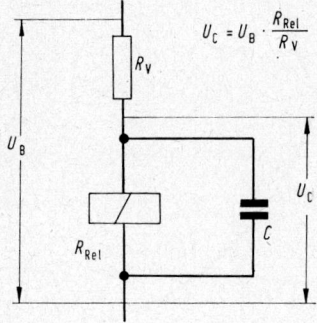

Bild 45:
Anzugsverzögerung mit Parallelkondensator C und Reihenwiderstand R_V

bis zu einigen 100 ms erreichen. Die Spannung, bei der in die Relaisspule genügend Strom zum Anziehen fließt, ist nach einer Zeit erreicht, die von der Zeitkonstante T der Schaltung abhängt:

$$T = R \cdot C$$

Der Widerstand der Relaiswicklung R_{Rel} wird dabei als Parallelwiderstand zum Vorwiderstand R_v in die Formel eingesetzt:

$$R = \frac{R_{Rel} \cdot R_v}{R_{Rel} + R_v}$$

Die Kondensatoraufladung erfolgt nach der Formel:

$$U_c = U_o \left(1 - e^{-\frac{t}{RC}}\right),$$

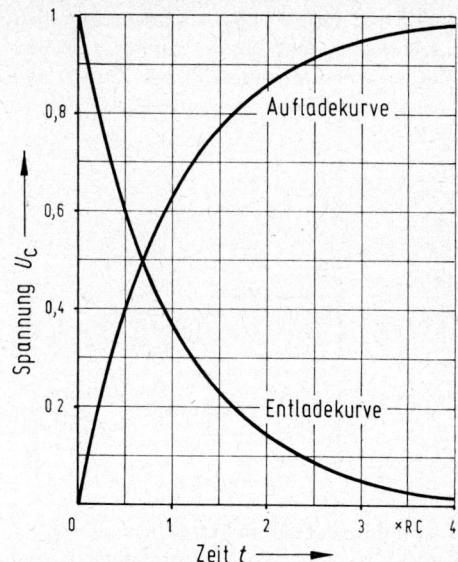

Bild 46:
Spannungsverlauf bei der Kondensator-Auf- und -Entladung über einen Widerstand R

sie ist in Bild 46 grafisch dargestellt. Man braucht dort nur beim auf die maximale Aufladespannung U_0 des Kondensators bezogenen Wert der Anzugsspannung die Zeit, bezogen auf das Vielfache der Zeitkonstante RC, ablesen, nach der das Relais anziehen wird. Es ist jedoch dabei zu beachten, daß die Toleranz der Elektrolytkondensatoren (— 30 % bis + 20 %) sowie die Toleranz der Spulenwicklung zu relativ großen Abweichungen führen können, wenn man diese Werte nicht vorher genauer bestimmt. Die maximale Aufladespannung U_0 des Kondensators in Bild 45 ist nicht die Betriebsspannung U_b, sondern wird durch das Spannungsteilerverhältnis R_{Rel}/R_v festgelegt!

Ein Beispiel soll dies näher erläutern: Wir haben ein Kammrelais für eine Betriebsspannung von 24 V, die Spannung, bei der das Relais anzieht, beträgt 18 V, der Spulenwiderstand $R_{Rel} = 800\ \Omega$. Wir verwenden einen Kondensator von 1000 µF und einen Vorwiderstand von 1,2 kΩ, da eine Gesamtspannung von 60 V zur Verfügung steht. Zum Errechnen der Zeitkonstante bestimmen wir den Parallelwiderstand $R_{Rel} \parallel R_v$ zu

$$R = \frac{1,2 \cdot 0,8}{1,2 + 0,8} = \frac{0,96}{2} = 0,48\ k\Omega = 480\ \Omega.$$

Die Zeitkonstante

$$T = R \cdot C = 0,48\ k\Omega \cdot 1000\ \mu F = 480\ ms.$$

Die maximale Aufladespannung U_o ist entsprechend dem Spannungsteilerverhältnis $R_{Rel} / R_v = 24$ V, die Anzugsspannung von 18 V ist dann der Faktor 0,68 zu 24 V. Wir gehen bei 0,68 in das Diagramm (Bild 46) und lesen an der Kurve der Kondensatoraufladung eine Zeit von 1,2 · RC ab. Das Relais zieht also in 1,2 · 480 ms = 576 ms an.

Ebenso einfach ist es, anhand der angegebenen Beziehungen zu einer gewünschten Anzugszeit die benötigte Kondensatorgröße festzulegen, denn

$$C = \frac{T}{R}.$$

R wird wie oben bestimmt, zu dem errechneten Spannungsfaktor der Anzugsspannung wird aus dem Diagramm die Zeitkonstante R · C abgelesen und aus der obigen Beziehung C errechnet.

Besonders zum Verlängern von Anzugszeiten eignet sich das Vorschalten eines NTC-Widerstandes (Heißleiter) vor die Relaiswicklung. Bekanntlich wird der Wert eines solchen Wider-

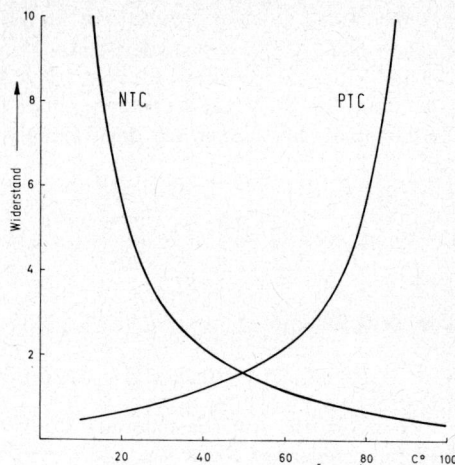

Bild 47:
Charakteristischer
Verlauf des Widerstandes von NTC- und
PTC-Widerständen
in Abhängigkeit
von der Temperatur

Bild 47: Charakteristischer Verlauf des Widerstandes von NTC- und PTC-Widerständen in Abhängigkeit von der Temperatur

standes mit zunehmender Erwärmung kleiner (Bild 47). Im Augenblick des Einschaltens fließt durch die Reihenschaltung von NTC-Widerstand und Relaiswicklung nur ein niedriger Strom. Dieser Strom reicht nicht aus, das Relais zum Anziehen zu bringen, er erwärmt aber den NTC-Widerstand. Nach einer bestimmten Zeit ist dessen Widerstandswert so weit gesunken, daß ein genügender Strom zum Anziehen des Relais fließt. Ein Schließer des Relais überbrückt nach dem Anziehen den NTC-Widerstand, so daß dieser sich wieder abkühlen kann. Bei richtiger Abstimmung des Widerstandes auf die Relaiswicklung lassen sich damit Verzögerungszeiten bis zu 10 s und mehr erreichen. Den charakteristischen Stromverlauf in einer Reihenschaltung Relais mit NTC-Widerstand in Abhängigkeit von der Zeit zeigt Bild 48.

Auch ein PTC-Widerstand (Kaltleiter) eignet sich zur Anzugsverzögerung, wenn man ihn parallel zur Relaiswicklung

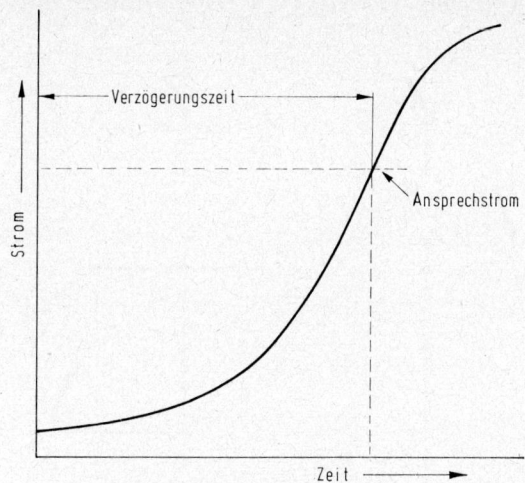

Bild 48: Charakteristischer Stromverlauf in der Reihenschaltung von Relais und NTC-Widerstand in Abhängigkeit von der Zeit

schaltet und einen entsprechend abgestimmten Vorwiderstand in Reihe zu dieser Kombination vorsieht. Der in kaltem Zustand niedrige Wert des PTC-Widerstandes (s. Bild 47) bildet einen Nebenschluß zur Relaiswicklung. Mit zunehmender Erwärmung erhöht sich sein Widerstandswert jedoch immer mehr, bis schließlich das Relais genügend Strom zum Anziehen erhält. Ein Öffner trennt den PTC-Widerstand beim Anzug des Relais ab. Die Schaltungen mit NTC- und PTC-Widerstand zeigt Bild 49. Ein Nachteil dieser Verfahren ebenso wie des nachfolgend beschriebenen Thermorelais ist die Zeit, die zwischen zwei Schaltvorgängen zum Abkühlen benötigt wird, damit gleichbleibende Verzögerungszeiten erzielt werden.

Bis zu etwa 60 s kann man das Schalten eines Relais mit einem Thermorelais verzögern. Ein solches Relais besteht gewöhnlich aus einem Bimetallstreifen, der sich bei Erwärmung

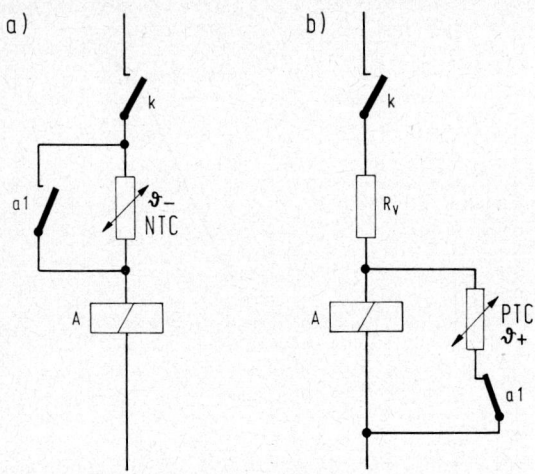

Bild 49: Anzugsverzögerung mit NTC-Widerstand (a) und PTC-Widerstand (b)

durchbiegt und nach einer bestimmten Zeit einen Kontakt schließt. Zu diesem Zweck ist der Bimetallstreifen mit einer Heizwicklung versehen. Zum Einleiten des Schaltvorganges wird die Heizwicklung an Spannung gelegt. Nach der, meist einstellbaren, Zeit bis zum vollständigen Durchbiegen des Bimetalls schließt dieses den Kontakt und schaltet damit das eigentliche Relais, das einen Öffner trägt, der die Heizwicklung abschaltet.

6.3.2 Verlängern der Abfallzeit

Ein Verlängern der Abfallzeit eines Relais wird erreicht, wenn man das magnetische Feld so lange wie möglich aufrecht erhält. Der geöffnete Kontakt unterbricht den Stromkreis der Erregerspule abrupt, dagegen baut sich das Feld der kurzgeschlossenen Erregerspule allmählich ab, bis sämtliche in ihr gespeicherte Energie vernichtet ist.

Eine einfache Methode, die Abfallzeit zu verlängern, ist daher das Kurzschließen der Relaiswicklung nach Bild 50 mit einem fremden Kontakt k im Augenblick des Abschaltens.

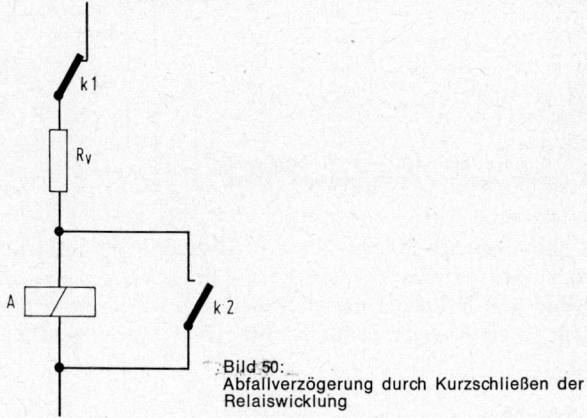

Bild 50:
Abfallverzögerung durch Kurzschließen der Relaiswicklung

Damit die übrige Schaltung nicht in Mitleidenschaft gezogen wird, ist dazu allerdings ein Vorwiderstand vor der Relaiswicklung erforderlich, so daß dieser Weg nicht immer anwendbar ist.

Genau wie bei der Anzugsverzögerung leistet auch hier eine zweite Wicklung gute Dienste, die in diesem Fall nach dem Anziehen des Relais mit einem Schließer kurzgeschlossen wird. Schaltet man die Arbeitswicklung des Relais ab, so induziert der abklingende Strom in der zweiten Wicklung eine Spannung, die über den Kurzschlußkontakt einen Strom fließen läßt und so das Magnetfeld noch einige Zeit aufrecht erhält. Auch hier läßt sich die Verzögerungszeit mit einem Potentiometer beeinflussen (Bild 51). Sie ist um so größer, je kleiner der Gesamtwiderstand im Kurzschlußkreis ist.

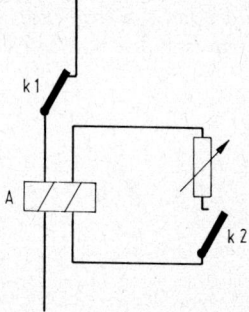

Bild 51:
Abfallverzögerung durch Kurzschließen einer besonderen Kurzschlußwicklung

Ein weiteres Mittel zur Abfallverzögerung besteht darin, daß man parallel zu dem Relais einen Widerstand anordnet (Bild 52). Je kleiner dieser Widerstand ist, um so größer wird die zu erreichende Zeitkonstante. Die Grenzen sind allerdings

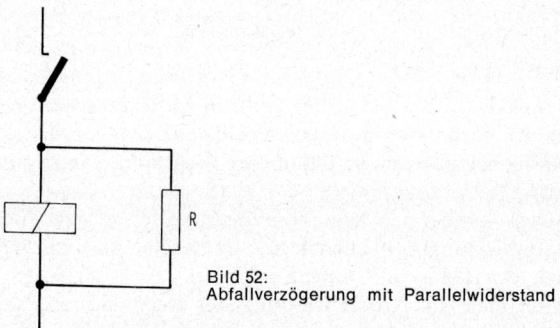

Bild 52:
Abfallverzögerung mit Parallelwiderstand

durch die Wirtschaftlichkeit gegeben, da der durch den Widerstand fließende Strom beim Betrieb des Relais als zusätzliche Belastung der Stromquelle in Kauf genommen werden muß. Nach den Erfahrungen können mit dieser Schaltung Abfallverzögerungen bis etwa 300 ms erreicht werden.

Wird eine Abfallverzögerung von mehreren Sekunden gefordert, so läßt sich dies in oben geschilderter Weise nicht mehr beherrschen. Zum Erreichen größerer Abfallzeiten wird nach Bild 53 ein Kondensator sehr großer Kapazität parallel zum Relais geschaltet. Je größer dabei der Widerstand des Relais und seine Parallelkapazität ist, um so größere Verzöge-

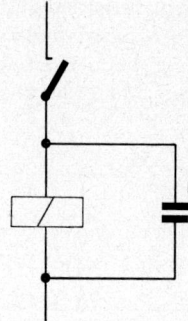

Bild 53
Abfallverzögerung mit Parallelkondensator

rungszeiten sind zu erreichen. Als Kapazitäten werden Elektrolytkondensatoren verwendet, da sich hier hohe Werte auf relativ kleinem Raum vereinigen lassen. Der Kondensator ist in der Lage, eine bestimmte Elektrizitätsmenge zu speichern, die sich aus dem Produkt der Spannung am Kondensator und seiner Kapazität ergibt. Die Ladung des Kondensators ist daher der angelegten Spannung proportional. Legt man an die Parallelschaltung von Relaisspule und Kondensator eine Gleichspannung, so spricht nicht nur das Relais an, sondern der Parallelkondensator lädt sich auf die volle Gleichspannung auf. Wird der Relaisstrom unterbrochen, so entlädt sich der Kondensator über das Relais. Die Stromrichtung, bezogen auf den Kondensator, ist zwar bei der Entladung genau umgekehrt, doch für die Relaisspule bleibt die Stromrichtung erhalten, was bei der Verwendung von polarisierten Relais wichtig ist.

Die Zeit, bis zu der die Kondensatorspannung auf den Wert gesunken ist, bei dem der Abfallstrom erreicht wird, läßt sich entsprechend den in Abschnitt 6.3.1 gegebenen Beziehungen für die Anzugsverzögerung und aus Bild 46 für die Kondensatorentladung bestimmen. Die Zeitkonstante $R \cdot C$ läßt sich diesmal sofort aus dem Produkt des Wicklungswiderstandes R_{Rel} und der Kapazität C des verwendeten Kondensators errechnen. Es ist lediglich noch anstelle der in 6.3.1 interessierenden Anzugsspannung die Abfallspannung einzusetzen. Die Spannung, bei der das Relais abfällt, läßt sich mit einer Schaltung nach Bild 54 leicht meßtechnisch bestimmen. Man braucht

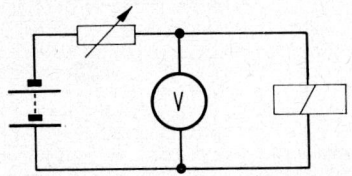

Bild 54:
Messen der Anzugs- und Abfallspannung

beim Verändern des Regelwiderstandes nur zu beobachten, wann das Relais abfällt und dabei die vom Voltmeter angezeigte Spannung abzulesen. Auf gleiche Weise läßt sich auch die Anzugsspannung ermitteln.

Da der voll entladene Kondensator beim Einschalten einen sehr großen Ladestrom aufnimmt, der den Schaltkontakt stark beansprucht, sieht man oft einen Schutzwiderstand (R_s in Bild 55) zur Begrenzung des Ladestromes vor. Dieser Schutzwiderstand liegt bei der Entladung in Reihe mit dem Relaiswiderstand und erhöht entsprechend die Zeitkonstante. Ebenso beeinflußt das nun parallel zur Relaiswicklung liegende RC-Glied die Anzugszeit. Will man diese vermeiden, so kann man mit einem Schließer das RC-Glied erst nach dem Anziehen dazuschalten (Bild 55). Noch höhere Abfallzeiten oder kleinere Kondensatoren erzielt man, wenn man den Kondensator auf eine höhere Spannung auflädt. Da dann auch das Relais an

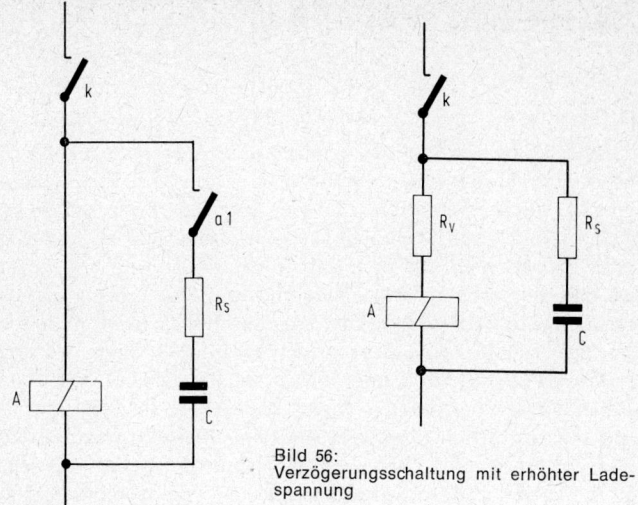

Bild 55:
Abfallverzögerung mit Parallelkondensator und Schutzwiderstand

Bild 56:
Verzögerungsschaltung mit erhöhter Ladespannung

dieser höheren Spannung liegt, schaltet man noch einen entsprechenden Vorwiderstand vor die Relaiswicklung (Bild 56). Bei der Entladung bestimmt dann die Reihenschaltung aller Widerstände zusammen mit dem Kondensator die Zeitkonstante.

Nahezu beliebige Zeiten für die Abfallverzögerung lassen sich ebenso wie für die Anzugsverzögerung mit elektronischen Relais (siehe dazu Abschnitt 7.) oder mit mechanischen Zeitrelais mit Uhrwerken erreichen.

7. Elektronische Relais

Ist auch das elektromechanische Relais noch für nicht absehbare Zeit für eine Vielzahl von Schaltaufgaben ein unentbehrliches Bauteil, so versucht man doch schon seit dem Bestehen von Verstärkerelementen (z. B. der Elektronenröhre) diese entweder direkt zum Schalten von Stromkreisen zu benutzen oder da, wo man auf eine galvanische Trennung angewiesen ist und nur sehr niedrige Steuerleistung zur Verfügung hat, die Eigenschaften elektromechanischer Relais in Kombination mit dem Verstärkerelement zu verbessern. Vor allem der Transistor als kleines und anspruchsloses Bauelement hat diesen Bestrebungen besonderen Auftrieb gegeben. Im Gegensatz zu den elektronischen Schaltern, die rein mit elektronischen Bauelementen arbeiten, bestehen elektronische Relais aus einer Kombination elektronischer Bauteile mit elektromechanischem Relais. Sie werden daher gelegentlich auch Hybridrelais genannt. Der geringe Raumbedarf, den Transistoren und andere elektronische Bauelemente haben, brachte mit sich, daß solche elektronische Relais kaum größer als elektromechanische Relais werden. Lediglich elektronische Zeitrelais bedingen schon durch den Kondensator ein größeres Bauvolumen, auch wenn dieser erheblich kleiner als in Schaltungen ohne Elektronik sein kann. In letzter Zeit kamen zu den Transistoren als weitere Verstärkerelemente Kleinthyristoren und Unijunction-Transistoren hinzu, die dem Schaltungstechniker eine weite Skala von Varianten vor allem auf dem Gebiet der Verzögerungsrelais eröffneten.

7.1 Etwas zum Transistor

Die Funktion des Transistors dürfte allgemein bekannt sein, so daß wir uns damit nur kurz zu befassen brauchen. Im Prinzip stellt der Transistor einen steuerbaren Widerstand dar, dessen Wert sich durch Verändern der Spannung an der Basiselektrode in großen Bereichen variieren läßt. Die Anschlüsse, zwischen denen dieser steuerbare Widerstand auftritt, heißen Emitter und Kollektor. Je nach der Polung der Betriebsspannung verwendet man npn- oder pnp-Transistoren oder auch eine Kombination beider. Bis auf die vertauschte Polarität der Elektroden am Transistor unterscheidet sich die Funktion des pnp- in nichts vom npn-Transistor. Ein wesentliches Merkmal des Transistors ist, daß schon geringe Änderungen der Basisspannung und damit des Basisstromes sehr große Änderungen im Kollektorstromkreis mit sich bringen. Ein Maß dafür ist die Stromverstärkung, die in Emitterschaltung (die am meisten verwendete Schaltungsart) bei modernen Transistoren einen Faktor von mehreren hundert erreicht. Ein Basisstrom von 0,1 mA genügt z. B. bei manchen Typen schon, um ein Relais von 20 mA Betriebsstrom zum Ansprechen zu bringen. Diese Empfindlichkeit kann man durch Vorschalten weiterer Transistoren noch erhöhen, wobei jedoch die Störempfindlichkeit bei so geringen Steuersignalen Grenzen setzt.

Bild 57 zeigt eine einfache Transistorschaltung zum Ansteuern eines Relais. Der an Masse liegende Emitter des Transistors T zeigt, daß es sich dabei um eine Emitterschaltung handelt. Im Kollektorkreis liegt das zu schaltende Relais. Dieses ist mit einer Diode D überbrückt, die beim raschen Verringern des Kollektorstromes durch Wegfall des Steuersignales an der Basis das Auftreten von Überspannungen verhindern soll (siehe hierzu auch Abschnitt 5.2.3). Solche Überspannungen sind in Transistorschaltungen besonders gefährlich. Der Transistor wird durch eine auch nur ganz kurzzeitig auftretende Spannung, die höher ist als seine Grenzspannung, sofort zerstört. Die Diode ist so gepolt, daß sie im normalen Betriebszustand der Schaltung sperrt, also den Betrieb nicht beeinträchtigt. Beim Abschalten des Relais tritt an diesem durch Selbstinduktion eine gegensätzlich gepolte hohe Spannung auf, für die nun die Diode einen Kurzschluß darstellt. Weil die in der Re-

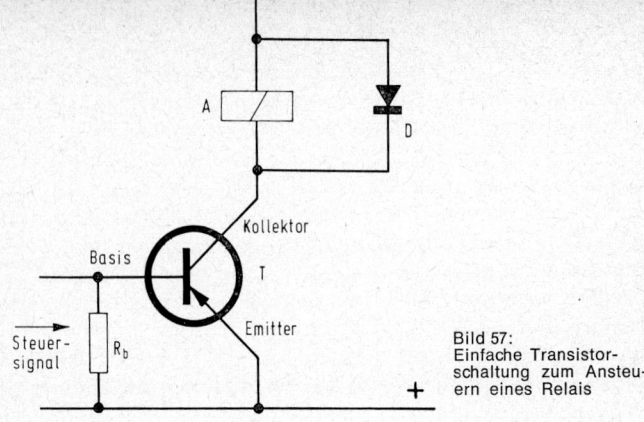

Bild 57:
Einfache Transistorschaltung zum Ansteuern eines Relais

laisspule steckende magnetische Energie durch die Diode kurzgeschlossen wird, sich also auf unschädliche Weise „freilaufen" kann, heißt diese Diode gelegentlich auch Freilaufdiode.

Im Ruhezustand ist der Transistor in der Schaltung Bild 57 gesperrt, weil die Basis über den Widerstand R_b auf Emitterpotential liegt. Tritt nun ein entsprechend gepoltes Steuersignal an der Basis auf, so wird die Kollektor-Emitterstrecke niederohmig und das Relais zieht an. In diesem Fall wurde als Arbeitspunkt des Transistors dessen völliger Sperrzustand gewählt. Der dabei noch fließende Reststrom ist sehr gering und reicht keineswegs aus, um das Relais zum Anziehen zu bringen. Er liegt bei modernen Siliziumtransistoren in der Größenordnung einiger µA.

Nun kann man den Arbeitspunkt des Transistors durch eine entsprechende Vorspannung der Basis über einen Basisspannungsteiler R_{b1}/R_{b2} (Bild 58) so legen, daß schon im Ruhezustand ein Strom knapp unter dem Anzugsstrom fließt. Dann genügt schon ein ganz kleines Signal an der Basis, um das Relais anziehen zu lassen. Allerdings treten dann Stabilitätsprobleme auf und die Schaltung muß sehr gut temperaturkompensiert sein, da der Transistor seine Werte mit der Tempera-

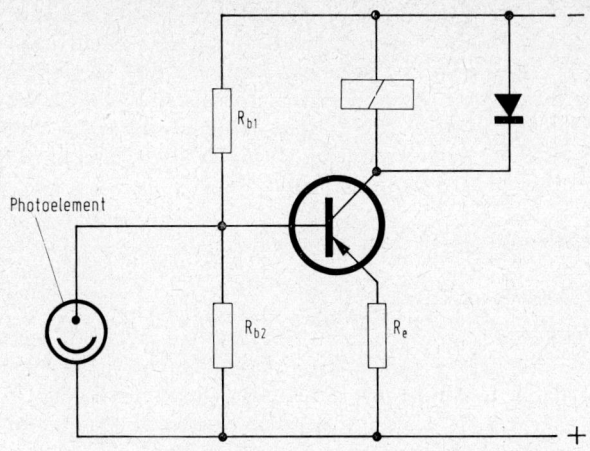

Bild 58: Transistorrelais mit stabilisiertem Arbeitspunkt und Photoelement als Signalquelle

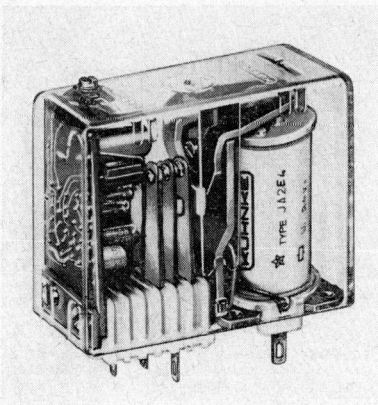

Bild 59:
Elektronikrelais
(Bild: Kuhnke)

tur stark ändert. Das Ansteuersignal für die Basis kann sowohl von einem Relaiskontakt als auch von irgend einer anderen Quelle, z. B. einem Photoelement, kommen. Bild 58 stellt eine solche Schaltung mit stabilisiertem Arbeitspunkt (durch Emitterwiderstand R_e) dar. Ein Beispiel dafür, wie klein ein solches elektronisches Relais mit allen erforderlichen Bauelementen ausgeführt werden kann, gibt Bild 59.

7.2 Elektronische Verzögerungsrelais

7.2.1 Anzugsverzögerung

Anhand einer einfachen Transistorschaltung (Bild 60) sei das Prinzip erläutert: Nach Betätigen des Kontaktes k liegt Spannung an der Schaltung. Da der Kondensator C noch völlig entladen ist, liegt die Basis an Emitterpotential und der Transistor sperrt. Nun wird der Kondensator über den Widerstand R_1

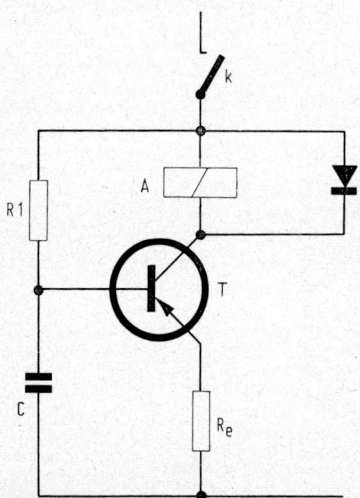

Bild 60:
Anzugsverzögernde Schaltung mit Transistor

allmählich geladen, die Basisspannung steigt und es beginnt Strom zu fließen. Das Relais A zieht aber erst an, wenn der Kollektorstrom den Wert des Anzugsstroms erreicht hat. Am Emitterwiderstand R_e tritt ein Spannungsabfall auf, der der Basisspannung entgegenwirkt. Damit das Relais A anziehen kann, muß die Basisspannung so groß werden, daß sie gleich der Summe der zum Fließen des Anzugsstromes erforderlichen Basisspannung (Datenblatt des Transistors) und der beim Anzugstrom am Emitterwiderstand R_e abfallenden Spannung ist. Maßgebend für die dazu benötigte Zeit t ist die Zeitkonstante $R_1 \cdot C$ und die Größe des Emitterwiderstandes R_e sowie die Stromverstärkung des Transistors.

Man erkennt, daß nun neben der Zeitkonstante noch Werte der elektronischen Schaltung die Anzugszeit beeinflussen. Die Stromverstärkung wirkt sich auf den ersten Blick als negativer Faktor auf die Zeitverlängerung aus, denn je größer sie ist, um so eher ist der Anzugsstrom erreicht. Der für eine gewünschte Anzugszeit benötigte Kondensator darf aber um den Betrag der Stromverstärkung kleiner sein als er dies ohne Transistor sein müßte. Bringen wir den Emitterwiderstand Re noch ins Spiel, so sehen wir, daß dieser eine erheblich höhere Aufladung des Kondensators bedingt. Je nachdem, wie groß man ihn wählt, kann man damit die Wirkung der Stromverstärkung in bezug auf die Zeit weitgehend kompensieren, und bei der Wahl eines entsprechenden Kondensators lange Verzögerungszeiten erreichen. Bei sorgfältiger Auslegung aller Bauteile erreicht man ohne weiteres für eine bestimmte Kondensatorgröße 100fach längere Schaltzeiten als in einer Schaltung ohne Transistor.

Wie man eine Schaltung zur Anzugsverzögerung mit Thyristor und Unijunction-Transistor industriemäßig aufbauen kann, soll die folgende Besprechung eines von ZETTLER entworfenen Anzugsverzögerers zeigen. Zuvor sei jedoch kurz die Funktionsweise dieser beiden noch relativ jungen Bauelemente erläutert:

Ein **Thyristor** hat meistens drei Anschlüsse, die mit Anode, Katode und Gate bezeichnet sind. Der Arbeitsstrompfad liegt zwischen Anode und Katode, das Gate dient zur Steuerung. Entgegen dem Transistor mit analogem Verhalten kennt der Thyristor nur die Zustände „ein" und „aus". Entscheidend für seinen Einsatz ist, daß beide Stellungen stabil sind, d. h. er verbleibt in jener Lage, in die er einmal gesteuert wurde, ohne weitere Steuerleistung. Das Einschalten geschieht durch einen gegen die Katode positiven Impuls am Gate, der Thyristor „zündet". Ein Zurückschalten in den „Aus"-Zustand durch das Gate ist nicht möglich. Man muß dazu den Arbeitsstrom des Thyristors kurzzeitig auf einen Wert absenken, der unter seinem Haltestrom liegt. Der Thyristor sperrt dann, bis er erneut am Gate gezündet wird. Der Stromfluß kann entweder von außen unterbrochen werden oder man wendet einen niederohmigen Nebenschluß zum Thyristor hinter seinem Arbeitswiderstand an, der für kurze Zeit den Arbeitsstrom ableitet. In dieser Zeit wird der Haltestrom unterschritten und der Thyristor gelöscht. Neben diesem bistabilen Verhalten sind weitere Vorzüge des Thyristors das große Arbeits-Steuerstromverhältnis (Verstärkung) und seine Robustheit gegen äußere Einflüsse.

Der **Unijunction-Transistor** (auch Doppelbasisdiode genannt) hat ebenfalls 3 Anschlüsse, die hier mit Emitter, Basis 1 und Basis 2 bezeichnet werden. Er hat keine stabilen Zustände, die mit denen eines Thyristors verglichen werden können. Um einen seiner drei Arbeitsbereiche zu fixieren, muß er stets entsprechend angesteuert sein. Wenn seine beiden Basisanschlüsse an der Betriebsspannung liegen (+Pol an Basis 2), dann verhält sich die Emitter-Basis 1-Strecke ähnlich einer Zenerdiode (Bereich I). Wird die hier Höckerspannung genannte Schwellspannung überschritten, so leitet diese Strecke schlagartig und auch dann noch, wenn die eben erreichte Höckerspannung wieder unterschritten wird (Bereich II). Diese Leitfähigkeit bleibt so lange bestehen, bis ein bestimmter Stromwert, der sogenannte Talstrom, erreicht oder unterschritten wird. Die Leitfähigkeit verschwindet, und der Unijunction-Transistor arbeitet wieder im Bereich I.

Sorgt man durch Schaltmittel dafür, daß ein Absinken auf den Talstrom nicht eintreten kann, so bleibt der Unijunction-Transistor im leitenden Zustand. Die Emitter-Basis 1-Strecke zeigt dann ein Verhalten ähnlich einer Diode im Durchlaßbereich (Bereich III). Die Höckerspannung ist an keinen bestimmten Spannungswert gebunden, vielmehr ist sie ähnlich wie der Spannungsabgriff eines festen Spannungsteilers von der angelegten Betriebsspannung abhängig. Für einen Unijunction-Transistor gilt aber ein festes Verhältnis zur Basis 1-Basis 2-Spannung. Er eignet sich somit vorzüglich zum Bau zeitlich genauer Impulsgeber, weil die Ladezeit des Kondensators von der Höhe der Betriebsspannung nahezu nicht beeinflußt wird. Eine Temperaturkompensation bereitet im allgemeinen keine Schwierigkeiten.

Die anzugsverzögernde Schaltung nach Bild 61 arbeitet nun mit einem Thyristor und einem Unijunction-Transistor. Der

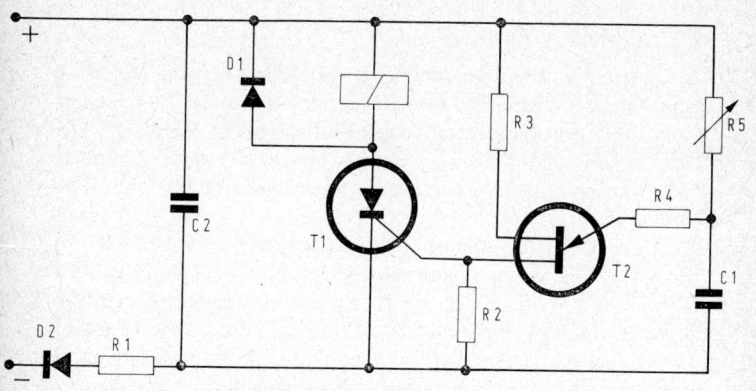

Bild 61: Anzugverzögernde Schaltung mit Thyristor T1 und Unijunction-Transistor T2

Unijunction-Transistor (T 2) ist über R 4 an das zeitbestimmende RC-Glied angeschlossen. Das Einstellen der Verzögerungszeit geschieht über den Ladewiderstand R 5. Erreicht der Kondensator C 1 die Höckerspannung des Unijunction-Transistors T 2, so wird seine Emitter-Basis 1-Strecke leitend und entlädt C 1 über R 4 und R 2. Der an R 2 mit seinem Gate angeschlossene Thyristor T 1 wird dadurch gezündet, das Relais zieht an und bleibt bis zum Abschalten der Betriebsspannung angezogen. Nach der Entladung sperrt T 2, und es folgt der nächste Lade- und Entladevorgang. Die dabei auflaufenden Zündungsimpulse können jedoch den bereits leitenden Thyristor nicht mehr beeinflussen. R 1 und D 2 unterdrücken den steilen Spannungsanstieg, der den Thyristor bei Anlegen der Betriebsspannung zünden würde. Wegen des geringen Sperrstroms des Unijunction-Transistors (< 1 µA) kann der Ladekondensator C 1 klein sein. Mit einer Kapazität von 15 µF lassen sich ohne weiteres Verzögerungszeiten von 30 bis 45 s erreichen. Der Widerstand R 3 kompensiert den Temperaturgang von T 2 in üblicher Weise. Die Diode D 2 verhindert, daß bei Verpolung die Schaltung zerstört wird.

7.2.2 Abfallverzögerung

Auch für die Abfallverzögerung von Relais eignen sich elektronische Schaltungen vorzüglich. Ein schematisiertes Beispiel einer Transistorschaltung zeigt Bild 62. Hier wird die Entladung eines Kondensators C über den Widerstand R und die dazu parallel liegende Kette aus Widerstand R_1, Basis-Emitter-Strecke des Transistors T und Widerstand R_0 als zeitbestimmendes RC-Glied benutzt. Der Kondensator C ist über R_2 auf den Wert der Betriebsspannung aufgeladen. Bei Betätigen des Kontaktes k schaltet der Transistor ein, das Relais A zieht an. Gleichzeitig legt der Kontakt a1 den geladenen Kondensator an die Basis des Transistors. Trennt nun k wieder, so entlädt sich C und bei Unterschreiten einer bestimmten Basisspannung fällt das Relais A ab. Die Zeit bis zum Abfallen des Relais

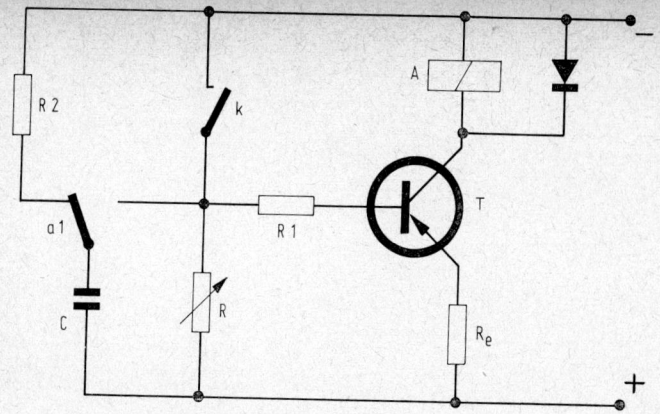

Bild 62: Abfallverzögernde Schaltung mit Transistor

kann mit dem Potentiometer R beeinflußt werden. Mit solchen Schaltungen lassen sich Verzögerungszeiten bis zu mehreren Minuten erzielen.

7.3 Weitere Anwendungen

Elektronische Relaisschaltungen lassen sich zu vielerlei Zwecken ausgestalten. Neben der Möglichkeit, damit elektronische Zeitschalter zu realisieren (Bild 63) kann man sie als Impulserzeuger, Impulsbegrenzer, Impulsformer, Stromstoßrelais, Spannungswächter (Bild 64) usw. einsetzen.

Der hier beschriebene Impulserzeuger gibt Impulse gleicher Länge fortlaufend ab. Impulse und Impulspausen sind unabhängig von der eingestellten Frequenz gleich lang und werden mit nur einem Potentiometer eingestellt. Die Schaltung zeigt Bild 65. In Verbindung mit dem Unijunction-Transistor T 3 erzeugt C 1 Nadelimpulse mit großer Amplitude, C 2 aber als zeitbestimmender Ladekondensator durch den Spannungsteiler R 2 und R 1 solche mit wesentlich kleinerer Amplitude. Die Nadelimpulse, die fortlaufend erzeugt werden, gelangen über R 3 und R 4 gleichzeitig an die Gateanschlüsse der Thyristoren T 1 und T 2. Die Impulse von C 2 bleiben wirkungslos.

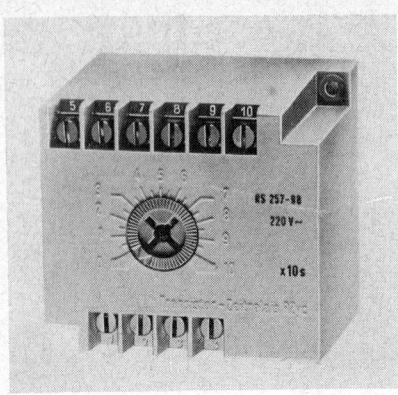

Bild 63:
Komplettes Transistor-Zeitrelais mit Netzteil für den Anschluß an 220 V ∼
(Bild: Hartmann & Braun)

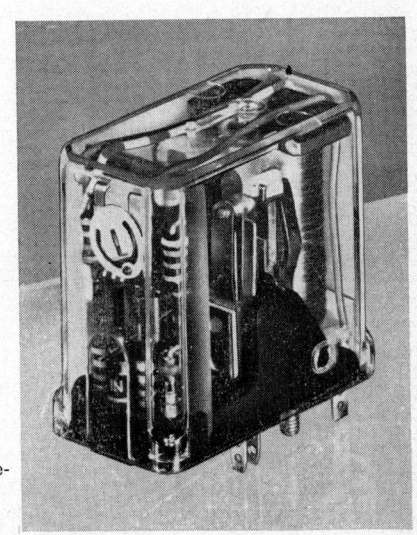

Bild 64:
Elektronisches Relais als Spannungswächter im Gehäuse eines Kleinrelais
(Bild: Zettler)

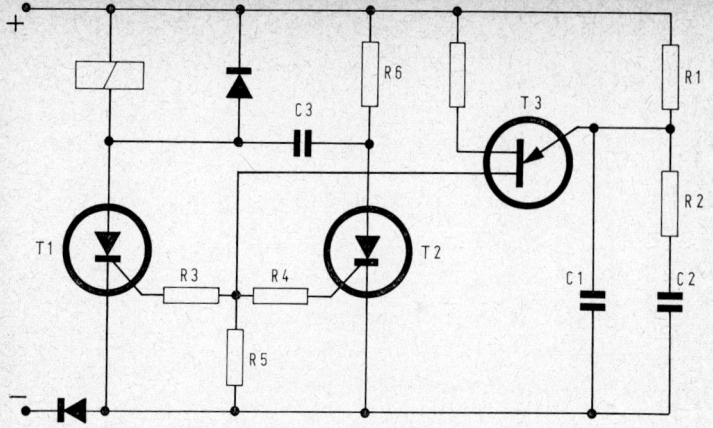

Bild 65: Impulserzeuger mit Relais, Thyristoren und Unijunction-Transistor

Würden die Thyristoren abwechselnd arbeiten (ähnlich wie bei einem Transistor-Flip-Flop), so könnte der Fall eintreten, daß durch eine von außen kommende Störung beide Thyristoren zünden. Die Schaltung wäre dann blockiert.

Der Arbeitswiderstand R 6 wird so dimensioniert, daß der Betriebsstrom kleiner als der Haltestrom des Thyristors T 2 ist. Unabhängig von der Stellung des Thyristors T 1 ist dann T 2 immer gesperrt, bis auf die Augenblicke, da er am Gate gezündet wird. Gehen wir von der Ausgangsstellung aus, daß das Relais abgefallen ist, so sind beide Thyristoren stromlos. Ein eintreffender Impuls zündet beide Thyristoren. T 2 sperrt nach Beendigung des Zündimpulses wieder, wodurch der bipolare Kondensator C 3 geladen wird. T 1 bleibt aber weiter leitend, das Relais angezogen. Der nächste Impuls zündet wieder T 2, der nun C 3 entlädt, der Entladestrom hält ihn auch über die Dauer der Zündung hinweg leitend. Für T 1 stellt dieser Vorgang einen Nebenschluß dar, der ihn durch Haltestromunterschreitung löscht. Wichtig ist, daß der Zündimpuls kürzer ist als die Entladedauer von C 3. Das Relais ist nun wieder abgefallen, die Ausgangsstellung ist wieder erreicht.

8. Anhang

Tabelle 1: Die wichtigsten Schaltzeichen für Relais

Symbol	Beschreibung
	Elektromagnetisches Relais allgemein
800	Angabe des ohmschen Widerstandes
	Relais mit einer Wicklung
	Zwei in gleichem Sinn wirkende Wicklungen
	Zwei im Gegensinn wirkende Wicklungen
	Magnetische Anzugsverzögerung
	Magnetische Abfallverzögerung
	Abfall- und Anzugsverzögerung
	Elektrothermische Verzögerung
	Gepoltes Relais mit zwei Schaltstellungen ohne selbsttätigen Rückgang
	Gepoltes Relais mit drei Schaltstellungen und selbsttätigem Rückgang in die Grundstellung Mitte
	Elektrothermisches Relais

Tabelle 2: Schaltzeichen und Bezeichnung von
          Relaiskontakten

Kontakte	Schalt-zeichen	Kennzahl	Bezeichnung
		1	Schließer (Arbeitskontakt)
		2	Öffner (Ruhekontakt)
		21	Wechsler (Umschaltkontakt)
		32	Folgewechsler (Wechsler ohne Unterbrechung)
		11	Zwillingsschließer
		22	Zwillingsöffner

Schrifttum

Appels/Geel: Handbuch der Relais-Schaltungstechnik,
Deutsche Phillips GmbH, Hamburg

Bergtold, F.: Transistoren in der industriellen Elektronik,
Hüthig-Verlag, Heidelberg

Burstyn, W.: Elektrische Kontakte und Schaltvorgänge,
Springer-Verlag, Berlin — Heidelberg

DIN-Blätter, Beuth-Vertrieb GmbH, Berlin — Köln

Erich, M.: Relaisbuch, Franckh'sche Verlagshandlung, Stuttgart

Hebel, M.: Das Fernmelderelais, Oldenbourg-Verlag, München

Keil, A.: Werkstoffe für elektronische Kontakte,
Springer-Verlag, Berlin — Heidelberg

Mende, H. G.: Funk-Entstörungspraxis,
Franzis-Verlag, München

Petzoldt, H.: Das Fernmelderelais und seine Schaltungen,
Vieweg-Verlag, Braunschweig

Schmitt, G.: Elektronische Schalter und Kippstufen mit Transistoren, Oldenbourg-Verlag, München

Swoboda, R.: Thyristoren, Frankh'sche Verlagshandlung,
Stuttgart

VDE-Vorschriften, VDE-Verlag, Berlin

Warner, A.: Taschenbuch der Funkentstörung, VDE-Verlag,
Berlin